数据结构实验指导

袁平波 编著

中国科学技术大学出版社

内容简介

本实验教材与中国科学技术大学出版社出版的《数据结构及应用算法》一书配套使用,内容包括预备知识、实验环境、上机实验、提高篇和实验报告5个主要部分以及附录部分。

本教材内容丰富,注重对基本数据结构的理解以及培养读者解决实际问题的能力,既可作为大专院校的配套教材,也可作为广大工程技术人员和自学读者的辅助教材。

图书在版编目(CIP)数据

数据结构实验指导/袁平波编著. —合肥:中国科学技术大学出版社,2010.7
ISBN 978-7-312-02694-2

Ⅰ. 数… Ⅱ. 袁… Ⅲ. 数据结构—高等学校—教学参考资料 Ⅳ. TP311.12

中国版本图书馆 CIP 数据核字(2010)第 095127 号

出 版	中国科学技术大学出版社
	安徽省合肥市金寨路96号,邮编:230026
	网址:http://press.ustc.edu.cn
印 刷	合肥学苑印务有限公司
发 行	中国科学技术大学出版社
经 销	全国新华书店
开 本	710 mm×960 mm 1/16
印 张	10.75
字 数	214 千
版 次	2010年7月第1版
印 次	2010年7月第1次印刷
定 价	18.50 元

前 言

数据结构是计算机科学的算法理论基础和软件设计的技术基础,它和算法一起构成了程序设计的主要内容。算法主要研究程序设计中的行为设计特性,而数据结构则是研究程序设计中的结构特性,着重研究数据的逻辑结构及其基本操作在计算机中的表示和实现。

目前数据结构这门课程不仅仅是计算机专业的核心课程,而且也成为其他理工科专业学生热衷的选修课。这门课在要求学生学习好基本理论知识的同时,还要求学生拥有进行复杂程序设计的技能和养成良好的程序设计习惯。因此这是一门理论和实践相结合的课程,而且实验教学在整个课程的教学过程中占相当重要的地位,是一个至关重要的环节。为了帮助读者学好这门课程,我们编写了这本《数据结构实验指导》。

C 语言是学习数据结构的预修课程,然而很多读者在学习完 C(或 C++)语言后对其中的难点掌握得并不够,如指针、结构体和文件操作等。因此本教材在预备知识一章结合数据结构的特点对 C 语言做了一个系统的复习。在本教材中还介绍了调试方法和调试技巧,包括 Windows 和 Unix 环境下的调试工具的运用等。为了满足部分读者的需要,我们还编写了提高篇,提供了一个实际工程问题的解决过程,有助于读者提高对数据结构的深入了解并培养自己解决实际问题的能力。

本书共分 5 章,具体内容如下:

第 1 章为预备知识,帮助读者系统复习 C 语言中的难点和重点,如指针、结构体和文件操作等。本章还涉及了函数和模块化编程思想等内容以及输入输出等常用函数的介绍。

第 2 章是实验环境的介绍,介绍了不同操作系统环境下编写调试 C 语言程序的方法,包括 Unix 下 vi 编辑工具、gdb 调试工具的使用,Windows 下 VC++6.0 的编译、连接和调试方法。本章还给出了两个具体的调试案例,以飨读者。

第 3 章是上机实验内容,主要围绕数据结构这门课程涉及的基本数据结构展开,包括线性表、栈和队列、串和数组、树和二叉树、图和查找表等。针对每种数据结构,本教材首先给出该结构的基本实现,然后给出基于此实现的一个基本应用,最后要求读者完成与此基本数据结构相关的一个应用实例。

第4章是提高篇。本章从 ADT 的 C++ 类实现开始，介绍了优先级队列和事件驱动模拟等传统问题；然后介绍了 C++ 中有关模板函数和模板类的概念，解决了在实现数据结构时不同数据类型带来的困扰；最后给出了一个具体工程问题的解决方法和过程，有利于读者提高解决实际问题的能力。

第5章实验报告，主要指导读者如何撰写实验报告，如何分析和总结实验中出现的各种问题等。

数据结构是一门理论和实践相结合的计算机类课程。数据结构课程的学习目标是：学会从问题入手，分析研究计算机处理对象的结构特性，从而能够为问题求解设计合适的数据结构，并在此基础上，设计问题求解的步骤，即算法。另一方面，通过数据结构课程的学习，读者应学会进行较复杂应用程序设计的方法，编写出符合软件设计规范所要求的程序文件。教学经验表明，严格规范的实验训练对于学生基本程序设计素养的培养和软件工作者良好工作作风的形成有着至关重要的作用。本书通过不同的应用实例，来帮助读者理解基本的数据结构，逐渐掌握数据抽象能力，并熟悉各种数据结构的表示和基本操作的实现，从而提高读者软件设计水平和解决实际问题的能力并使之养成良好的编程习惯。

本实验指导教材的配套教材是《数据结构及应用算法》，既可作为电子信息类专业的实验教材，也可作为自学者参考用书，课程学时为 40 学时。为了方便读者，本书所有实验的源代码和相关数据文件可以到中国科学技术大学出版社网站下载。

本教材在编写过程中得到朱明老师、顾为兵老师和尹东老师的悉心指导，在此深表感谢。对于本书中存在的谬误或有争议之处，恳请读者提出批评意见和建议。

袁平波
2010 年 1 月 20 日

目　　次

前言 ·· （ⅰ）

第1章　预备知识 ··· （1）
  1.1　算法及程序模块化设计 ·· （1）
  1.2　指针与结构体 ··· （6）
    1.2.1　指针 ·· （6）
    1.2.2　结构体 ··· （7）
  1.3　输入输出与文件操作 ··· （9）
    1.3.1　输入输出 ··· （9）
    1.3.2　文件操作 ·· （13）
  1.4　函数 ··· （19）

第2章　实验环境 ··· （22）
  2.1　C/C++语言程序的构成 ·· （22）
  2.2　Linux实验环境 ·· （23）
    2.2.1　概述 ··· （23）
    2.2.2　vi的使用 ··· （24）
    2.2.3　C程序编译与调试 ·· （26）
  2.3　Windows实验环境 ··· （30）
    2.3.1　创建工程 ··· （30）
    2.3.2　编辑源程序 ·· （31）
    2.3.3　编译连接文件 ··· （33）
    2.3.4　文件运行与调试 ·· （33）

第3章　上机实验 ··· （42）
  3.1　实验1：线性表 ·· （42）

3.1.1　背景知识 …………………………………………………（42）
　　3.1.2　实验目的 …………………………………………………（43）
　　3.1.3　实验要求 …………………………………………………（43）
　　3.1.4　实验内容 …………………………………………………（43）
3.2　实验2：栈与队列 ……………………………………………………（65）
　　3.2.1　背景知识 …………………………………………………（65）
　　3.2.2　实验目的 …………………………………………………（67）
　　3.2.3　实验要求 …………………………………………………（67）
　　3.2.4　实验内容 …………………………………………………（67）
3.3　实验3：串与数组 ……………………………………………………（79）
　　3.3.1　背景知识 …………………………………………………（79）
　　3.3.2　实验目的 …………………………………………………（79）
　　3.3.3　实验要求 …………………………………………………（80）
　　3.3.4　实验内容 …………………………………………………（80）
3.4　实验4：树和二叉树 …………………………………………………（86）
　　3.4.1　背景知识 …………………………………………………（86）
　　3.4.2　实验目的 …………………………………………………（87）
　　3.4.3　实验要求 …………………………………………………（87）
　　3.4.4　实验内容 …………………………………………………（88）
3.5　实验5：图 ……………………………………………………………（96）
　　3.5.1　背景知识 …………………………………………………（96）
　　3.5.2　实验目的 …………………………………………………（97）
　　3.5.3　实验要求 …………………………………………………（97）
　　3.5.4　实验内容 …………………………………………………（97）
3.6　实验6：查找表 ………………………………………………………（108）
　　3.6.1　背景知识 …………………………………………………（108）
　　3.6.2　实验目的 …………………………………………………（108）
　　3.6.3　实验要求 …………………………………………………（109）
　　3.6.4　实验内容 …………………………………………………（109）

第4章　提高篇 ……………………………………………………………（117）
4.1　C++类与抽象数据类型 ……………………………………………（117）
　　4.1.1　优先级队列 ………………………………………………（119）

4.1.2　事件驱动模拟 …………………………………………… (121)
　4.2　模板函数和模板类 ………………………………………………… (133)
　　4.2.1　模板函数 ………………………………………………… (133)
　　4.2.2　模板类 …………………………………………………… (135)
　4.3　实战演练 …………………………………………………………… (138)
　　4.3.1　文件结构 ………………………………………………… (138)
　　4.3.2　算法实现 ………………………………………………… (142)

第5章　实验报告 …………………………………………………………… (149)
　5.1　如何撰写实验报告 ………………………………………………… (149)
　5.2　实验报告样例 ……………………………………………………… (150)

附录A　常用C库函数 …………………………………………………… (156)

附录B　ASCII码表 ……………………………………………………… (159)

参考文献 …………………………………………………………………… (162)

第 1 章 预备知识

1976年,瑞士著名计算机科学家 N. Wirth 首次提出了"算法+数据结构=程序"的思想,即程序设计涵盖了两方面的内容:行为特性设计和结构特性设计。行为特性设计即算法,要求给出完整的问题求解过程及详细步骤;而结构特性设计即数据结构则要求给出在求解过程中所涉及的数据对象的定义和处理。结构特性的设计是本课程的主要研究内容。

为了能够更好地研究数据结构,掌握好一门基本的计算机编程语言是必要的。本教材使用目前最普及的计算机编程语言——C作为主要语言,适当加以 C++ 的某些特性,如输入输出等,方便读者使用。

在本章的后续内容里,将帮助读者重温一下 C 语言中涉及较多也较难掌握的部分内容,如输入输出、指针、结构体、文件操作等。其中还穿插简要介绍了模块化程序设计方法。

1.1 算法及程序模块化设计

前面提到程序设计包括算法和数据结构,算法是程序设计的主要体现形式。算法最终是需要通过一种语言来实现的。任何一种程序设计语言都具有特定的语法规则和规定的表达方法。一个程序只有严格按照语言规定的语法和表达方式编写,才能保证编写的程序在计算机中能正确地执行,同时也便于阅读和理解。

因此,在介绍程序设计之前有必要先简单介绍一下算法。

所谓算法,是一个有穷的规则的集合,其中的规则定义了一个解决某一特定类型问题的运算序列。每一个算法都具有以下几个特性:

(1) 有穷性:一个算法必须在有限的步骤内完成,且每一步必须在有限时间内完成。

(2) 确定性:算法的每一个步骤必须有明确的定义。算法中可以包含选择语句(case、if 等),允许对下一步进行选择,但选择过程必须是明确的。

(3) 可行性:算法必须是可行的,即算法中描述的操作都可以通过已经实现的基本运算的有限次执行来实现。

(4) 输入:一个算法可以有零个或多个输入。算法的输入是算法执行的初始数据。

(5) 输出:一个算法有一个或多个输出。作为算法执行的结果,算法的输出和输入有着一定的因果关系。

在具体的语言,例如 C 语言中,算法大都是以函数的形式体现出来的。一个算法的输入常常体现为函数的输入参数,算法的输出可以是函数内部的屏幕输出,也可以是函数的输出参数或返回值。

例如,下面的函数给出了一个求最大值的算法,其中输入为 A[n]和 n,输出为最大值 temp。

例 1.1　在整型数组中求取最大值。

算法 1.1
```
int GetMax(int A[],int n)
//函数定义,其形参为算法的输入,返回值为算法的输出
{
    int temp,i;

    temp = A[0];
    for(i = 0;i<n;i++)
        if(temp<A[i])temp = A[i];
    return temp;
}
```

在 C 语言的程序中,总是存在一个称为 main 的主函数,这是 C 语言文件的入口函数,C 文件编译成 exe 可执行文件后,首先执行的就是该函数。有时为了简单起见,我们在调试算法的时候也可以直接在 main 函数里编写,但是算法的输出就不能采用返回值的形式给出了,而可以采用屏幕输出或写文件的方式给出。对于例 1.1 所示的算法,我们可以简单地在 main 函数里编写如下:

算法 1.2

```
#include <stdio.h>
void main()
{
    int A[100],n;
    int temp,i;

    printf("Please input number n(n<100):");
    scanf("%d",&n);           //读取整数的个数
    for(i=0;i<n;i++)
        scanf("%d",&A[i]);    //读取算法的输入:整数数组
    temp=A[0];
    for(i=0;i<n;i++)
        if(temp<A[i]) temp=A[i];
    printf("The Maximum of A[n] is:%d\n",temp);  //算法的输出
}
```

对比算法 1.1 和算法 1.2 可以发现，算法 1.2 中考虑了算法中输入的获取和输出的打印，因此算法本身的特性和程序的输入输出掺和在一起，看起来不是很清晰；而算法 1.1 则是不考虑输入的获取方式，在进入 GetMax 函数时就假定数组 A[] 已经被赋值了，至于是采用 scanf 从键盘输入还是从文件读取并不是本函数关心的，这样可以使得该函数更关注算法本身的逻辑，这也就是所谓的程序设计模块化思想。当然，算法 1.2 直接输入到 .c 文件中就可以在 C 环境下编译运行，而算法 1.1 则需要借助于主函数或其他函数去完成算法的输入和输出。建议读者一般采用算法 1.1 的形式来编写算法。

我们可以为算法 1.1 再加上一个下面的 main 函数来实现其运行调试。

```
#include <stdio.h>
void main()
{
    int A[100],n,temp;

    InitData(A,n);      //这是读取输入的函数,可以从屏幕或文件输入
    temp=GetMax(A,n);   //求最大值算法
```

OutputResult(temp);   //输出算法结果,可以是屏幕打印或文件输出
}

人们在求解一个复杂问题的时候,通常采用的是逐步分解分而治之的方法:把一个大问题分解成容易求解的若干个小问题,再分别求解。在模块化的程序设计中,往往也是把整个程序划分为若干个功能较为单一的程序模块(常表现为函数),分别实现后再像搭积木那样装配起来。上段代码中的 InitData、GetMax、OutputResult 都可以看成是这样的积木。

因此,按照模块化程序设计的思想,算法 1.2 可以改写成下面的代码:

```c
#include <stdio.h>
void InitData(int [],int &);
int GetMax(int [],int );
void OutputResult(int );
void main()
{
    int A[100],n,temp;

    InitData(A,n);    //读取输入的函数
    temp = GetMax(A,n);    //求最大值算法
    OutputResult(temp);    //输出算法结果
}
void InitData(int A[],int &n)    //读取输入的函数
{
    int i;
    printf("Please input number n(n<100):");
    scanf("%d",&n);        //读取整数的个数
    for(i=0;i<n;i++)
    {
        printf("Enter Number %d:",i+1);
        scanf("%d",&A[i]);    //读取算法的输入:整数数组
    }
}
int GetMax(int A[],int n)    //求最大值算法
```

```
{
    int temp,i;

    temp = A[0];
    for(i = 0;i<n;i + +)
        if(temp<A[i])temp = A[i];
    return temp;
}
void OutputResult(int temp)    //输出算法结果
{
    printf("The Maximum of A[n] is:%d\n",temp);
}
```

C 语言中，main 函数是主函数，它也可以像一般函数那样拥有参数，但其参数的形式是固定的，一般这样表示：

int main(int argc,char *argv[])

由于 main 函数不可能被别的函数调用，所以 main 的形参是不会在程序内部获得实际值的，而是在操作系统执行 exe 文件时，通过命令行传递进去的。其中 argc 参数表示了命令行中参数的个数（注意：文件名本身也算一个参数），argc 的值是在输入命令行时由系统按实际参数的个数自动赋予的；argv 参数是字符串指针数组，其各元素值为命令行中各参数字符串（参数均按字符串处理）的首地址。指针数组的长度即为参数个数。数组元素初值由系统自动赋予。

下面的代码能帮助我们更好地理解 main 的参数：

```
#include <stdio.h>
int main(int argc, char * * argv)
{
    int i;
    for (i = 0; i < argc; i + +)
        printf("Argument %d is %s.\n", i, argv[i]);
    return 0;
}
```

假定上述代码编译为 test.exe，那么运行：

test.exe a b c d e

将得到：

Argument 0 is test.exe.

Argument 1 is a.

Argument 2 is b.

Argument 3 is c.

Argument 4 is d.

Argument 5 is e.

1.2 指针与结构体

1.2.1 指针

指针是 C 语言的一个精华，通过对 C 指针的运用，可以实现对内存的灵活存取，还可以用来描述复杂的数据结构。指针简单地说，可以理解为一个内存地址，其被赋值的时候往往被赋予某个变量的内存地址。例如：

int *p,i;

p=&i;

则定义了一个指向整型数的指针 p，并把其值赋为整型变量 i 的地址。指针的类型可以是任何 C 语言支持的数据类型，甚至可以是用户自定义类型和无类型。无类型指针的定义形式为：

void *p;

无类型指针可以被赋值指向任何类型的变量，但其默认的存储结构是以字节为单位的。

若整型指针 p 指向一个整型数组的一个元素，那么 p+1 则指向下一个数组元素，而 p-1 则指向前一个数组元素（假定不越界）。可见指针的加减就是指针在内存上的移动，其移动的多少则是由指针的类型来决定的。如果 p 是一个字符型指针，则 p+1 向后移动 1 个字节（一个字符的 size）；若 p 是结构型指针，则 p+1 向后移动一个结构元素的字节数。void 类型的指针 p+1 将向后移动 1 个字节。

在 C 语言中，数组常常可以和指针混合使用，非常灵活。数组名就是数组在内存中的首地址，也就是第一个数组元素的地址。这样数组名就可以当作指针来使用，可以使用加减来获得指针的移动。同样指针也可以当作数组那样来使用。如有定义：

　　int ＊pi，a[10]；

　　pi＝a；

则 a[5]、pi[5]、＊(a＋5)、＊(pi＋5)都可以访问到数组 a 中的第 6 个元素。

指针也可以不指向已知的变量，而是直接为其分配内存空间，用完之后再释放空间。分配内存在 C 语言和 C＋＋中有所区别。在 C 语言中分配内存使用 malloc 和 free，例如：

　　ptr＝(int ＊)malloc(10＊sizeof(int))；

　　……

　　free(ptr)；

注意，malloc 的参数总是以字节为单位的，因此需要乘以数据类型的 size。

在 C＋＋中则使用 new 和 delete 来分配和释放内存，如相应的 C＋＋语句是：

　　ptr＝(int ＊)new int[10]；

　　……

　　delete [] ptr；

1.2.2　结构体

C 语言中有一种特殊的数据类型，称作结构体(struct)，该类型实际上是多种数据类型的集合体，它可以包含多个不同的成员，分属于不同的数据类型。例如我们可以定义学生的结构体 student：

```
struct student{
    long    id;           //学号
    char    name[20];     //姓名
    char    sex[2];       //性别
    int     age;          //年龄
    int     deptno;       //所属系
}
```

要特别注意结构体数组和指针结合时的使用方法，如 s[10]是 student 结构体数组，ps 是指向 s[10]首地址的指针，那么我们可以这样来访问某些数组元素及其成员：

　　s[5].name(等价于(ps＋5)－＞name)

要访问一个结构体变量的成员时，使用"."操作符；而要访问一个结构体指针

所指结构体的成员时,使用"->"操作符。下面的例子将有助于我们对指针和结构体的理解:

例1.2 打印结构体数组中的内容。

```c
#include <stdio.h>
struct student{
    long    id;              //学号
    char    name[20];        //姓名
    char    sex[3];          //性别
    int     age;             //年龄
    int     deptno;          //所属系
}
main()
{
    int i;
    struct student *ps;
    struct student s[3]={
    {98001,"张三","男",18,6},
    {98002,"李四","男",19,10},
    {98003,"孙丽","女",17,23}
    };  //数组赋初值

    ps=s;
    for(i=0;i<3;i++)    //采用数组访问形式
        printf("%ld\t%s\t%s\t%d\t%d\n",s[i].id,s[i].name,
            s[i].sex,s[i].age,s[i].deptno);
    for(i=0;i<3;i++)    //采用指针访问
        printf("%ld\t%s\t%s\t%d\t%d\n",(ps+i)->id,
        (ps+i)->name,(ps+i)->sex,(ps+i)->age,(ps+i)->
        deptno);
}
```

虽然上述 s[i].name 也可以写成 ps[i].name 和(s+i)->name,但习惯上并不这么用。

1.3 输入输出与文件操作

1.3.1 输入输出

计算机的输入输出(IO)设备包括标准的输入设备——键盘和标准的输出设备——屏幕,当然还有文件的输入和输出。C语言中可以使用文件的读写来实现程序的输入和输出,把标准的输入输出设备也看成文件来进行操作。当然,C语言中也有专门的输入输出函数来完成从键盘的输入和从屏幕的输出。例如输入函数有 scanf,输出函数有 printf。scanf 用来从标准输入——键盘来读取数据,而 printf 则用来向标准输出——屏幕打印数据。

scanf 和 printf 的语法如下:
int scanf(char * format,<adress_list of variable>);
printf(char * format,<variable_list>);

其中 format 是格式化串,由格式化串决定读取何种类型的数据赋予后面地址列表里的变量,或者决定以何种数据形式输出变量列表里的变量。要特别注意的是变量地址列表里给出的是变量的地址,而不是变量本身。下面的代码将从键盘读入一个整型数,并打印到屏幕。

```
void main()
{
    int a;
    scanf("%d",&a);
    printf("integer is: %d\n",a);
}
```

使用 scanf 时要特别注意,下面是经常容易犯的一些错误:
(1) 使用没有分配内存的指针接受输入数据。
错误:
#include <stdio.h>
void main()

```
{
    char * str;
    scanf("%s",str);    //str 没有分配内存空间
    printf("string is: %s\n",str);
}
```

正解：

```
#include <stdio.h>
#include <stdlib.h>
void main()
{
    char * str;
    str=(char *)malloc(100 * sizeof(char));
    scanf("%s",str);
    printf("string is: %s\n",str);
}
```

(2) 使用变量而不是指针去接受输入。

错误：

```
#include <stdio.h>
void main()
{
    int a,b;
    scanf("%d%d",a,b);    //应该是变量的地址
}
```

正解：

```
#include <stdio.h>
void main()
{
    int a,b;
    scanf("%d%d",&a,&b);
}
```

(3) 输入和输出混乱。

错误：

```
#include <stdio.h>
void main()
{
    int num;
    scanf("Input %d", &num);    //scanf 中不可以带输出的内容
}
```

正解：

```
#include <stdio.h>
void main()
{
    int num;
    printf("Input");
    scanf("%d", &num);
}
```

(4) 连续接受数据出现异常。

错误：

```
#include <stdio.h>
void main()
{
    int a;
    char c;
    scanf("%d",&a);
    scanf("%c",&c);    //输入整型数据后的回车会被作为字符读入 c
    printf("a=%d c=%c\n",a,c);
}
```

正解：

```
#include <stdio.h>
void main()
```

```
{
    int a;
    char c;
    scanf("%d",&a);
    fflush(stdin);    //清空输入缓冲区,主要是回车等控制字符
    scanf("%c",&c);
    printf("a = %d c = %c\n",a,c);
}
```

(5) 接收带空格的字符串。

错误:

```
#include <stdio.h>
void main(){
    char str[100];
    scanf("%s",str);
    printf("%s\n", str);
}
//说明:如输入带空格的字符串,则读取不完整
```

正解:

```
#include <stdio.h>
void main(){
    char str[100];
    gets(str);
    printf("%s\n", str);
}
```

上述代码中还用到了专门用于字符串输入输出的函数 gets 和 puts,gets 用于从键盘读入一行字符串,直至碰到换行为止;puts 则是向标准输出输出一行字符串,并输出一个换行符。

在 C++中是采用 cin 和 cout 对象来实现标准的输入和输出的,其中 cin 用来完成标准输入,cout 用以完成标准输出。cin、cout 不再需要使用格式化串来规范输入输出格式,而是由输入输出的变量本身类型来决定接受和输出的数据类型。例如,下面的代码从键盘读取一个整型值和一个字符型值分别赋予 a 和 c,并打印

输出至屏幕。

```
#include <iostream.h>
void main()
{
    int a;
    char c;
    cin>>a>>c;
    cout<<"a = "<<a<<" c = "<<c<<endl;
}
```

1.3.2 文件操作

C语言中文件的操作是通过一个文件指针来实现的,任何文件的操作都需要先打开文件,并赋予一个文件指针,再进行读写操作,完成后还需要关闭文件。

FILE 文件指针类型是在 stdio.h 中定义的:

```
typedef struct{
    int    _fd;           //文件描述符
    int    _cleft;        //缓冲区中剩余字符
    int    _mode;         //文件打开模式
    char * _next;         //下一个字符位置
    char * _buff;         //文件缓冲区位置
}FILE;
```

(1) fopen 和 fclose 函数

打开和关闭文件的函数分别是 fopen 和 fclose,它们在 stdio.h 中的定义如下:

```
FILE * fopen(const char * path, const char * mode);
int fclose(FILE * fp);
```

其中 path 是文件名及其路径,mode 表示打开文件的模式,打开文件的模式有以下几种,如表 1.1 所示。

表 1.1 文件打开模式

mode	说 明
r	以只读方式打开文本文件,文件指针指在文件开始处
r+	以读写方式打开文本文件,文件指针指在文件开始处
w	改变原文件长度为 0 或创建一个新文件以便写入,指针指在开始处
w+	以读写方式打开文件,若文件不存在就创建,若存在就截短文件长度为 0,指针定位在文件开始处
a	以添加方式打开文件,即在文件尾写,指针定位于文件尾部
a+	以读和添加的方式打开文件,若文件不存在就创建之。指针读时初始指在文件开始处,而写总是在文件尾部

在某些操作系统上,文件打开模式还有文本和二进制之分,默认的打开模式都是文本方式,也可以显式加上"t",如果要以二进制方式打开文件,则必须显式加上"b"来表示。如"rt"和"r"均表示以只读方式打开文本文件,"rb"表示以只读方式打开二进制文件。

例 1.3 将指定的文件以只读文本文件模式打开,并从文件中逐个读取字符,再打印到屏幕。

```
#include <stdio.h>
#include <stdlib.h>
void main(int argc,char * argv[])
{
    char ch;
    FILE * fp;

    if(argc<2){
        printf("Usage:%s <filename>! \n",argv[0]);
        exit(1);
    }
    if((fp=fopen(argv[1],"r"))==NULL){
        printf("Open file %s fail! \n",argv[1]);
        exit(1);
    }
    while((ch=fgetc(fp))! =EOF)
```

```
        putchar(ch);
    fclose(fp);
}
```

(2) 文件输入输出函数

针对文件的输入输出,和标准的输入输出很类似。fscanf 和 fprintf 分别是从文件输入和输出,相应的也有 fgets 和 fputs 分别用于对字符串进行操作。此外,文件操作中常用的输入输出函数还有 fread 和 fwrite,分别用于从文件中读取和写入指定的字节数。fread 和 fwrite 的定义如下:

```
int fread(void *ptr,int size,int nmemb,FILE *fp);
int fwrite(const void *ptr,int size,int nmemb,FILE *fp);
```

fread 函数从 fp 所指文件中读取 nmemb 个数据元素,每个元素的大小是 size 个字节,然后存储到 ptr 指针所指的内存中;fwrite 函数则向 fp 所指文件中写入 nmemb 个数据元素,每个元素的大小是 size 个字节。fread 和 fwrite 的返回值是成功读取或写入的元素数(项数,一般是 nmemb),而不是字节数。当 fread 和 fwrite 发生错误或遭遇文件结束时,返回的是实际读取和写入的项数,而不再是参数 nmemb。fread 和 fwrite 是块操作函数,常用于二进制文件的读写。

(3) fseek 和 ftell 函数

fseek 函数可用于在打开的文件中移动指针,ftell 则返回当前指针的位置,定义如下:

```
int fseek(FILE *fp, long offset, int whence);
long ftell(FILE *fp);
```

其中,whence 表示参照位置,可以取 SEEK_SET、SEEK_CUR、SEEK_END 三者之一,含义如表 1.2 所示。

表 1.2　whence 参数的取值

whence 取值	含义
SEEK_SET	表示文件开始位置
SEEK_CUR	表示指针当前位置
SEEK_END	表示文件尾

offset 表示相对于参照位置 whence 的字节数。例如:

```
fseek(fp,0L,SEEK_SET);//把指针移到文件开始
fseek(fp,10L,SEEK_CUR);//把指针从当前位置往后移10个字节
fseek(fp,-10L,SEEK_END);//把指针移到文件尾之前10个字节处
```

通过以下语句可以获得文件的大小:

```
fseek(fp,0L,SEEK_END);
fsize=ftell(fp);
```

fsize 即为文件的字节数。

例1.4 将结构化数据写入二进制文件,再按结构化从文件中读出来,并显示到屏幕上。

```
#include <stdio.h>
#include <stdlib.h>
struct student{
    long  id;
    char  name[20];
    char  sex[2];
    int   age;
    int   deptno;
};
void main()
{
    int   i;
    FILE  *fp;
    student s;

    if((fp=fopen("student.dat","wb"))==NULL){
        printf("Open file student.dat for writing fail! \n");
        exit(1);
    }
    printf("Please input data:\n");
    for(i=0;i<2;i++){
        scanf("%ld %s %s %d %d",&s.id,s.name,s.sex,
```

```
            &s.age,&s.deptno);
        fwrite(&s,sizeof(student),1,fp);    //写入文件
    }
    fclose(fp);

    if((fp = fopen("student.dat","rb")) = = NULL){
        printf("Open file student.dat for reading fail! \n");
        exit(1);
    }
    printf("Outout second record:\n");
    fseek(fp,sizeof(student),SEEK_SET);     //定位到第二条记录
    fread(&s, sizeof(student),1,fp);         //读取记录
    printf("%ld %s %s %d %d",s.id,s.name,s.sex,s.age,s.deptno);
    fclose(fp);
}
```

以上例子采用的是二进制读写文件的方式,也可以采用文本读写的方式去实现。

例 1.5　将结构化数据写入文本文件,再按结构化从文本文件中读出来,并显示到屏幕上。

```
#include <stdio.h>
#include <stdlib.h>
struct student{
    long    id;
    char    name[20];
    char    sex[2];
    int     age;
    int     deptno;
};
void main()
{
    int   i;
    FILE * fp;
```

```c
    student s;
    char str[128];

    if((fp=fopen("student.dat","wt"))==NULL){
        printf("Open file student.dat for writing fail!\n");
        exit(1);
    }
    printf("Please input data:\n");
    for(i=0;i<2;i++){
        scanf("%ld %s %s %d %d",&s.id,s.name,s.sex,
            &s.age,&s.deptno);
        fprintf(fp,"%ld %s %s %d %d\n",s.id,s.name,s.sex,
            s.age,s.deptno);    //写入文件
    }
    fclose(fp);

    if((fp=fopen("student.dat","rt"))==NULL){
        printf("Open file student.dat for reading fail!\n");
        exit(1);
    }
    printf("Outout second record:\n");
    fgets(str,127,fp);    //跳过第一条记录
    fscanf(fp,"%ld %s %s %d %d",&s.id,s.name,s.sex,
        &s.age,&s.deptno);      //读取记录
    printf("%ld %s %s %d %d",s.id,s.name,s.sex,s.age,s.deptno);
    fclose(fp);
}
```

(4) 3个特殊的文件指针

在C语言中,有时可以把标准的输入输出作为文件来看待。C语言中有3个特殊的文件指针定义在stdio.h中,分别是:

```c
extern FILE *stdin;
extern FILE *stdout;
```

extern FILE * stderr;

其中 stdin 表示标准的输入，stdout 表示标准的输出，stderr 则代表标准的错误输出设备。我们可以使用下面的语句来实现输出到标准输出设备：

fprintf(stdout,"a sample test!");

等同于：

printf("a sample test!");

同样，fscanf 从 stdin 的输入，等同于 scanf。

1.4 函　　数

前面讨论过，函数是实现程序设计模块化的一个很重要的手段。C 语言是一种结构化的语言，函数就是一种构件(程序块)，是完成程序功能的基本构件。函数允许一个程序的任务被分别定义和编码，从而使程序模块化。C 函数的独立子程序就是 C 语言程序的主要结构成分。

使用 C 语言中的函数时，要注意局部变量和全局变量的关系。全局变量是在函数之外定义的，贯穿整个程序；而局部变量则是在函数内部定义的变量。全局变量可在任何局部模块(函数)中访问；局部变量在自己的"局部"之外就不可见了，局部变量在进入局部模块时生成，退出模块时消亡。C 语言中允许局部变量和全局变量同名，这时全局变量在拥有同名局部变量的模块中将不可访问。

例 1.6 全局变量和局部变量的使用。

```
#include <stdio.h>
int var1;
void fun1();
void fun2();

void main()
{
    var1 = 10;
    fun1();
```

}
void fun1()
{
  printf("Before fun2 var1 is %d.\n",var1);
  fun2();
  printf("After fun2 var1 is %d.\n",var1);
}
void fun2()
{
  int var1;
  var1 = 20;
  printf("In fun2 var1 is %d.\n",var1);
  printf("In fun2 global var1 is %d.\n",::var1);//C++特性
}

运行结果：

Before fun2 var1 is 10.
In fun2 var1 is 20.
In fun2 global var1 is 10.
After fun2 var1 is 10.

从上例可见，同名局部变量值的改变是不会影响全局变量的。在局部模块中，如果存在和全局变量同名的局部变量，又需要访问全局变量时，在C++中可以使用"::<变量名>"的形式来访问，如上例中给出的那样。

C语言中函数的调用采用"赋值调用"方式，即传递给函数参数的变量只是把值复制到函数的形参中，函数内部对形参的任何改变都不会影响到原来的调用变量。

在C++中又引入了一种函数调用方法——"引用调用"，这种方式的调用实际上是把参数的地址复制到形参中，函数内部对形参的改变会反映到原来的调用变量上。

例1.7 赋值调用与引用调用。

```
#include <stdio.h>
void add1(int a,int b, int *c);//C语言利用指针实现返回结果
```

```
void add2(int a,int b，int &c);//C++引用调用

void main()
{
    int i=10,j=20,k=0,m=0;
    add1(i,j,&k);
    printf("Result of calling by value is %d.\n",k);
    add2(i,j,m);
    printf("Result of calling by reference is %d.\n",m);
}
void add1(int a,int b,int *c)
{
    *c=a+b;    //c是指针,其值虽然不可改变,但可以改变其所指的变量
}
void add2(int a,int b,int &c)
{
    c=a+b;    //c是引用调用,可以直接赋值
}
```

运行结果：

Result of calling by value is 30.

Result of calling by reference is 30.

从上面的例子中可以看出,引用调用的功能虽然也可以使用C中的指针来实现,但在函数内部的书写上要比引用调用麻烦一些。

第 2 章 实 验 环 境

本实验课程使用 C++ 语言作为实验编程语言。在不同的操作系统上都可以实现对 C 语言或 C++ 语言的支持。大多数 Unix 操作系统都直接支持对 C 语言的编译和连接。本教材将介绍 Redhat Linux 下 C++ 语言的编译和调试。Windows 操作系统下也有一些专门的编程工具可以实现对 C 语言的开发，如早期的 Turbo C、Borland C 等。本教材将简要介绍 Microsoft Visual C++ 6.0（简称 VC6）的集成开发环境。

2.1 C/C++ 语言程序的构成

C 程序一般可以包含多个源程序文件，C 语言是 .c 文件，C++ 则是 .cpp 文件。每个源文件中都可以包含预处理命令、全局变量声明、函数声明等。C 语言程序的一般构成如图 2.1 所示。

Microsoft Visual C++ 6.0 中源文件的编译和调试必须要在工程（Project）中进行，一个工程文件可以包含源程序、头文件和资源文件等，本实验不涉及资源文件，因此只介绍源文件和头文件。系统的头文件里一般都包含了一些系统函数的声明，我们也可以使用头文件来定义一些自己的通用函数，以方便在不同的程序中使用，只要在程序中包含这些头文件就可以了。

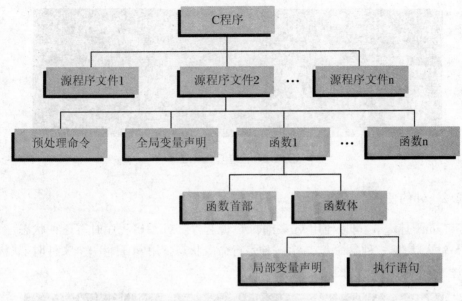

图 2.1　C 程序的构成

2.2　Linux 实验环境

2.2.1　概述

Unix 操作系统一般都带有 C 编辑器，本教材使用 Redhat Enterprise Linux AS4 版本的操作系统来介绍 Linux 环境下如何编辑和编译 C 程序。

Linux 下需要安装相应的系统软件包才可以拥有编译器，可以通过以下命令来检查是否安装了 C 或 C++ 编译器：

＃＞rpm - qa|grep gcc

如果返回中有类似的包就说明安装了 C 编译环境。例如：

gcc－2.4.6－9

gcc－c++－3.4.6－9

前者表示 C 编译器，后者是 C++ 编译器。如图 2.2 所示。

```
[root@localhost ~]# rpm -qa|grep gcc-
libgcc-3.4.6-9
gcc-java-3.4.6-9
gcc-3.4.6-9
gcc-g77-3.4.6-9
compat-libgcc-296-2.96-132.7.2
gcc-c++-3.4.6-9
[root@localhost ~]#
```

图 2.2 检查 C 编译器

2.2.2 vi 的使用

Linux 环境下,可以使用 vi 来编辑 C 源程序。vi 编辑程序时有三种状态,一种是输入状态,一种是命令状态,一种是行命令状态。用 vi 编辑一个文件时,默认是进入命令状态的,如图 2.3 所示。

```
#include <stdio.h>
static char buff [256];
int main ()
{
    printf ("Please input a string: ");
    gets(buff);

    printf ("Your string is: %s ", buff);
    return 0;
}
~
                                            1,3        全部
```

图 2.3 vi 命令状态

在命令状态下,可以通过方向键移动光标,可以执行各种命令,如修改命令 r,复制命令 Y,删除命令 x 等,通过按"a"或"i"可以进入输入状态,如图 2.4 所示。

在输入状态下就可以输入程序代码了,按回删键<Backspace>可以删除字符。输入状态下按<Esc>键则可以回到命令状态。

在命令状态下输入":"则可以进入行命令状态,如图 2.5 所示,在行命令状态下可以执行保存文件(w)和退出 vi(q)等操作。

vi 三种状态之间的转换如图 2.6 所示。

第 2 章　实验环境

```
#include <stdio.h>
static char buff [256];
int main ()
{
        printf ("Please input a string: ");
        gets(buff);

        printf (" Your string is: %s ", buff);
        return 0;
}
~
-- 插入 --                                    4,2         全部
```

图 2.4　vi 输入状态

```
#include <stdio.h>
static char buff [256];
int main ()
{
        printf ("Please input a string: ");
        gets(buff);

        printf (" Your string is: %s ", buff);
        return 0;
}
~
:wq
```

图 2.5　vi 行命令状态

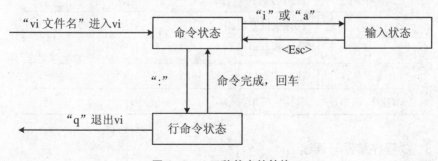

图 2.6　vi 三种状态的转换

vi 在输入状态时,就和一般的编辑器一样,可以随意地修改编辑文本。但 vi 更强大的功能体现在其命令状态上,如行删除、复制、翻页等。表 2.1 给出了常用的 vi 命令状态下可以使用的命令。表 2.2 给出了常用的 vi 行命令状态下可以使用的命令。

表 2.1 vi 命令状态下可执行的命令

命 令	操 作
x	删除当前光标所在处字符
r	用随后输入的字符替换当前字符
R	进入多字符替换模式,<Esc>键结束
[n]Y	复制当前 n 行到缓冲区,n 是数字,省略 n 时复制 1 行
p	粘贴缓冲区内容在当前行后
[n]dd	删除 n 行,n 省略时删除 1 行
0	光标移动到行首
$	光标移动到行尾
<Ctrl>+f	向后翻页
<Ctrl>+b	向前翻页

表 2.2 vi 行命令状态下可执行的命令

命 令	操 作
w	保存文件
q	退出
wq	保存文件并退出
q!	放弃存盘退出 vi
!<命令>	执行 Shell 命令
s/原串/新串/	替换字符串

2.2.3 C 程序编译与调试

通过 vi 编辑保存后的文件就可以编译调试了,Linux 下的编译指令是:

$ cc <文件名>

如果仅仅编译而不连接则可以使用参数"-c"。cc 的默认输出可执行文件名是 a.out,如果要指定可执行文件名,可以使用"-o"参数。如果需要加入调试信息,则需要加"-g"参数。例如编译 test.c 文件为可执行文件 test:

$ cc -o test test.c

例 2.1 用 vi 建立 test.c 文件并编译运行。

test.c 文件内容如下:

```
#include <stdio.h>
int main()
{
    char buff[256];
    printf("Please input a string: ");
    fgets(buff,255,stdin);
    printf("Your string is: %s.\n", buff);
    return 0;
}
```

在 vi 输入状态下输入以上源程序并保存为 test.c 文件后,执行以下命令编译运行:

```
$ cc -o test test.c          //编译程序
$ ./test                     //执行程序
Please input a string: this is a sample.    //输入字符串
Your string is: this is a sample.           //输出字符串
```

Linux 下的调试工具可以使用 gdb。使用下面的命令可以查看系统中是否安装了 gdb 工具:

rpm -qa|grep gdb

有类似"gdb-6.3.0.0-1.153.el4"形式的输出则说明安装有调试工具。

在 Linux 命令行状态下直接运行 gdb 就可以进入调试工具状态,行提示符变成"(gdb)"。在此状态下输入"help"可以获得 gdb 的命令帮助。help 给出的是分类命令,如表 2.3 所示。

表 2.3　gdb 调试工具命令类

命令类	说　明
aliases	命令别名
breakpoints	断点定义
data	数据查看
files	指定并查看文件
internals	维护命令
running	程序执行
stack	调用栈查看
status	状态查看
tracepoints	跟踪程序执行

gdb 中常用的命令如表 2.4 所示。

表 2.4　gdb 调试工具常用命令

命　令	说　明
file<文件名>	装入待调试的文件
break〈n｜函数名｜地址｜〉	设置断点,可以是行号、函数名或实际地址
run	运行程序
where	打印出错时各栈情况以及程序中错误行数
list	列出源程序
print〈变量｜表达式〉	打印变量或表达式的值
quit	退出 gdb

为了说明调试过程,我们把例 2.1 的代码修改一下。

例 2.2　用 vi 建立有问题的 test1.c 文件并调试。

test1.c 文件的内容如下:

```
#include <stdio.h>
int main()
{
    char * buff;
```

```
    printf("Please input a string：");
    fgets(buff,255,stdin);        //buff 没有分配内存,会引起段错误
    printf("Your string is：%s.\n", buff);
    return 0;
}
```

用 vi 输入以上源程序并保存为 test1.c 文件后,执行以下命令进行编译调试：

```
$ cc -g -o test1 test1.c                //编译程序不会有错
$ ./test1                               //执行程序
Please input a string：this is a sample2.    //输入字符串
Segmentation fault                      //出现段错误
$ gdb                                   //进入 gdb 调试环境
(gdb)file test1                         //载入
(gdb)run                                //运行并输入字符串
(gdb)where        //出现段错误后运行 where ,获得错误行是 test1.c 第 7 行
(gdb)list         //列出源代码
```

图 2.7 是 gdb 调试段错误的过程。对于复杂的错误,可以使用 print 命令打印出变量或内存中的数据进行分析,请读者自行尝试。

```
(gdb) file test1
Reading symbols from /home/ypb/test1...done.
Using host libthread_db library "/lib/tls/libthread_db.so.1".
(gdb) run
Starting program: /home/ypb/test1
Please input a string: this is sample2

Program received signal SIGSEGV, Segmentation fault.
0x0053e65d in _IO_getline_info_internal () from /lib/tls/libc.so.6
(gdb) where
#0  0x0053e65d in _IO_getline_info_internal ()
   from /lib/tls/libc.so.6
#1  0x0053e58f in _IO_getline_internal () from /lib/tls/libc.so.6
#2  0x0053d443 in fgets () from /lib/tls/libc.so.6
#3  0x08048402 in main () at test1.c:7
(gdb) list
7           fgets(buff,255,stdin);
8           printf("Your string is: %s.\n", buff);
9           return;
10      }
11
(gdb)
```

图 2.7　gdb 调试过程

2.3 Windows 实验环境

Windows 下本实验课程采用 Microsoft Visual C++ 6.0 作为开发工具，VC6 的打开界面如图 2.8 所示。要使用 VC6 编写一个程序，有以下几个步骤：
(1) 创建工程；
(2) 编辑 C 源程序和头文件；
(3) 编译连接文件；
(4) 调试运行文件。

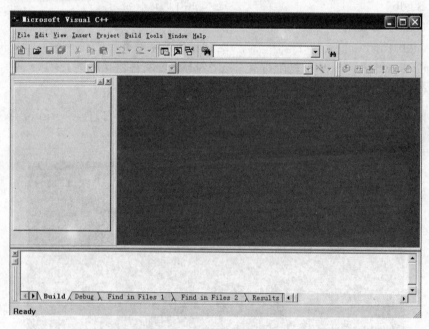

图 2.8 VC6 界面

2.3.1 创建工程

VC6 编译和调试 C 程序，必须在一个工程里去完成，因此所有的程序都必须先建立一个工程。工程文件可以包含源文件、头文件、资源文件等，甚至还可以包含说明文件。

要新建一个工程,可以打开菜单 File→New,出现如图 2.9 所示界面,选择"Win32 Console Application"类型的工程文件就可以了。这样建立的工程是在控制台(仿 DOS 环境)下运行 C 程序,没有任何 Windows 窗口,是纯字符型的。编译完成的 exe 程序可以在 cmd 窗口中直接输入文件名运行。可以在右侧的"Project name"中输入工程名,如"test";在"Location"中选择工程存放的路径。建议大家在做实验前,事先建立好个人文件夹,以便于管理。

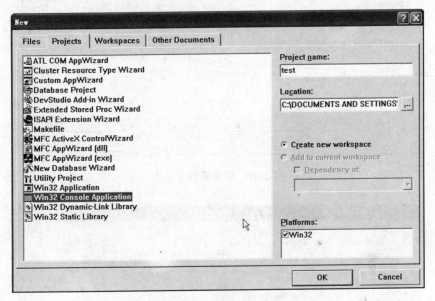

图 2.9 创建工程界面

2.3.2 编辑源程序

新建立的工程文件,是一个空的工程文件(当然在创建时也可以选择建立一个示例工程,里面会包含有一个源文件),现在需要加入我们自己的源文件。打开菜单 File→New,如图 2.10 所示,选择"C++ Source File",在右侧的"File"里输入文件名,例如 test.cpp(或 test.c)。一个工程里可以有多个 C 源程序,例如我们可以把链表的有关实现操作写在一个源文件里并命名为 link.c,这样在其他的工程中包含这个文件就可以使用所有的链表操作了。"Add to project"默认是选中的,表示把该源文件加入到刚刚新建的工程文件中,该选项不需要变化。可以在"Location"中指定文件存储目录,默认是和工程存储在一起的,一般也不需要改变。

点击"OK"按钮,输入源程序代码,如图 2.11 所示。

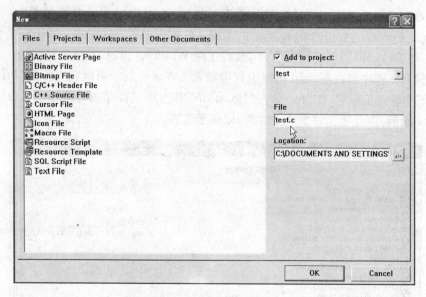

图 2.10　新建源程序文件

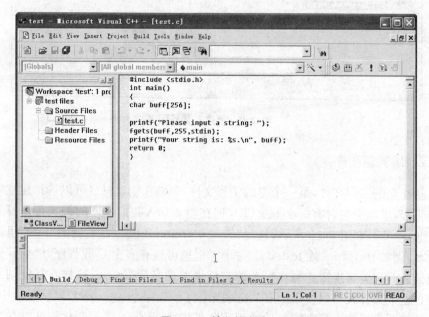

图 2.11　输入源程序

2.3.3 编译连接文件

输入完毕后，就可以对源文件进行编译了。打开菜单 Build→Compile C 文件名，或者直接按快捷键＜Ctrl＞+＜F7＞，就可以编译当前源文件。如果源程序有错，将会在状态窗口中给出出错的原因以及出错的行，否则将会出现如图 2.12 所示的提示。

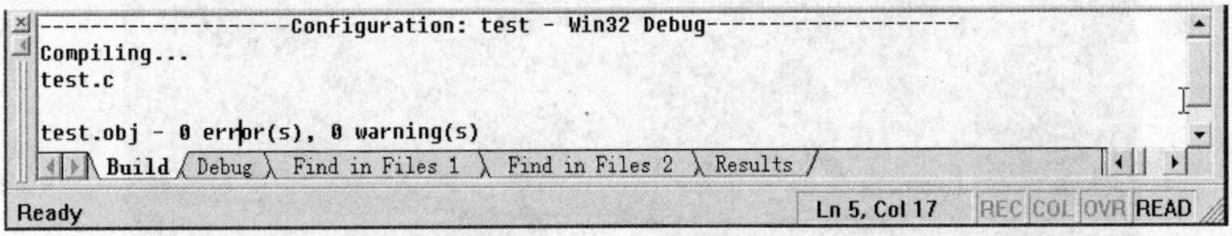
--------------------Configuration: test - Win32 Debug--------------------
Compiling...
test.c
test.obj - 0 error(s), 0 warning(s)
Build
Debug
Find in Files 1
Find in Files 2
Results
Ready
Ln 5, Col 17
REC
COL
OVR
READ

图 2.12 源程序编译提示

源程序编译没有错误后，将产生目标文件(.obj)，还需要进行连接才能生成 exe 可执行文件。

打开菜单 Build→Build 文件名.exe，或者直接按快捷键＜F7＞，就可以对文件进行连接了。若没有错误，将会出现如图 2.13 所示的提示。

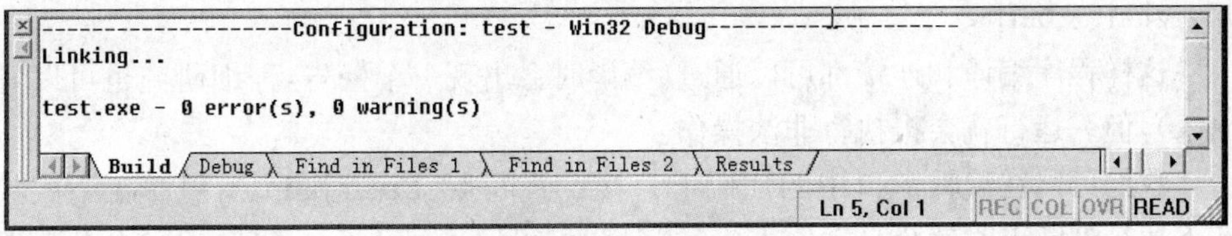
--------------------Configuration: test - Win32 Debug--------------------
Linking...
test.exe - 0 error(s), 0 warning(s)
Build
Debug
Find in Files 1
Find in Files 2
Results
Ln 5, Col 1
REC
COL
OVR
READ

图 2.13 文件连接提示

2.3.4 文件运行与调试

编译连接后将产生 exe 文件，打开菜单 Build→Execute 文件名.exe，或直接按快捷键＜Ctrl＞+＜F5＞，就可以运行该文件了。VC6 在运行此类控制台文件时，会自动打开一个 cmd 窗口(仿 DOS 窗口)，在此窗口中完成和用户的交互，接受输入，打印输出信息。如图 2.14 所示。

如果程序编译连接阶段没有出现任何错误，而在执行阶段出现错误，一般都是内存或指针操作引起的，这时我们可以利用 VC6 的调试工具(Debug)来跟踪找出问题所在。例如程序中有以下语句：

```
char buff[256];
```

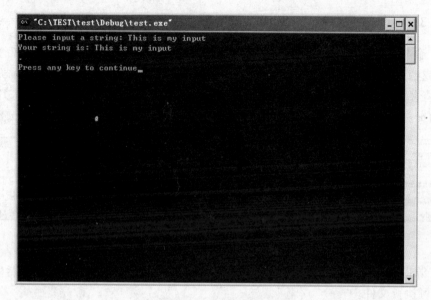

图 2.14　程序运行窗口

我们将其修改为：

char ＊buff；

这样程序编译和连接都可以通过（编译时会出现一个警告，仔细研究也可以看出来），但一运行就会报执行非法操作。

我们可以在编辑窗口中的代码上直接设置断点（Breakpoint），程序在调试状态下执行到断点时就会自动停下来，这时我们可以通过查看一些变量或内存数据来分析当前已经执行过的语句是否有问题，如果内存或变量内容和预期一致，就可以继续后面的语句，可以单步运行，也可以再设置断点。

设置断点可以先点击要设置的行，使光标停在该行，然后打开右键菜单 Insert/ Remove Breakpoint，或者按快捷键＜F9＞，就可以在当前行设置一个断点。

如图 2.15 所示，我们在 fgets 行设置了一个断点。

设置断点后，打开菜单 Build→Start Debug→Go，或按快捷键＜F5＞，就可以在调试状态下运行程序，程序会在第一个断点处停下，如图 2.15 所示。

这时界面上会多出几个内容：一部分是左下方的 Context 窗口，系统会自动显示当前函数所定义的变量的内容。另一部分是右下方的 Watch 窗口，用户可以自定义查看一些变量或表达式的值。第三部分是悬浮的 Debug 窗口，上面集中了在调试状态下常用的一些工具，当然这些工具在菜单项 Debug 里都有对应的内容。

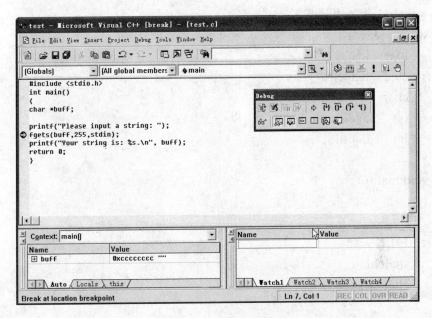

图 2.15　程序调试过程

Debug 菜单也只有在调试状态下才会出现,其中包含了以下选项:
- Restart(＜Ctrl＞+＜Shift＞+＜F5＞):重新运行调试程序;
- Stop Debugging(＜Shift＞+＜F5＞):停止调试程序;
- Step Into(＜F11＞):单步运行程序,如果是函数则进入函数内部单步运行;
- Step Over(＜F10＞):单步运行程序,如果是函数则直接运行完毕函数,不进入;
- Step Out(＜Shift＞+＜F11＞):当 Step Into 进入某函数单步执行时,使用本操作可以一次执行完该函数,停止在函数调用语句的后面;
- Run To Cursor(＜Ctrl＞+＜F10＞):执行到光标所在行;
- Quick Watch(＜Shift＞+＜F9＞):将表达式或变量添加到 Watch 窗口。

2.3.4.1　调试示例 1

为了对程序调试有个更直观的认识,举例进行说明。

例 2.3　将结构化数据写入文本文件,再按结构化从文本文件中读出来并显示。

#include ＜stdio.h＞

```c
#include <stdlib.h>
struct student{
    long  id;
    char  name[20];
    char  sex[2];
    int   age;
    int   deptno;
};
void main()
{
    int i;
    FILE *fp;
    student s;
    char str[128];

    if((fp=fopen("student.dat","wt"))==NULL){
        printf("Open file student.dat for writing fail!\n");
        exit(1);
    }
    printf("Please input data:\n");
    for(i=0;i<2;i++){
        scanf("%ld %s %s %d %d",&s.id,s.name,s.sex,
            &s.age,&s.deptno);
        fprintf(fp, "%ld %s %s %d %d\n",s.id,s.name,s.sex,
            s.age,s.deptno);   //写入文件
    }
    fclose(fp);

    if((fp=fopen("student.dat","rt"))=NULL){
        printf("Open file student.dat for reading fail!\n");
        exit(1);
    }
    printf("Outout second record:\n");
```

```
fgets(str,127,fp);      //跳过第一条记录
fscanf(fp,"%ld %s %s %d %d",&s.id,s.name,s.sex,
     &s.age,&s.deptno);          //读取记录
printf("%ld %s %s %d %d",s.id,s.name,s.sex,s.age,s.deptno);
fclose(fp);
}
```

上述代码编译连接时不会报任何错误,但在执行程序后出现如图 2.16 所示错误。

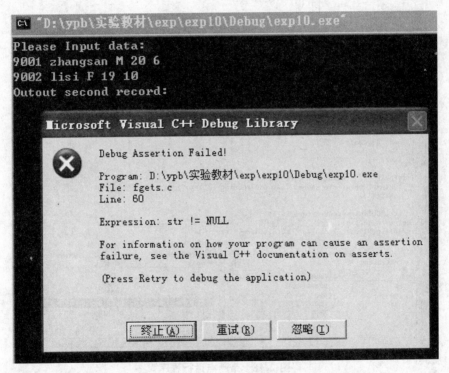

图 2.16　程序运行错误

从图 2.16 中可以看出,程序运行输入部分没有问题,问题出在 fgets 函数上,这一点可以从弹出的对话框中找到相关信息,也可以从"Outout second record:"这个信息被正常打印出来得以验证。既然怀疑这一句出现问题,我们可以在这一句上设置断点。在代码中找到 fgets 函数调用行,鼠标点击使光标停留在这一行,然后点击图标按钮 或按<F9>键,在该行设置一断点,然后点击 或按<F5>

键调试运行程序。如图 2.17、图 2.18 所示。

图 2.17 设置断点

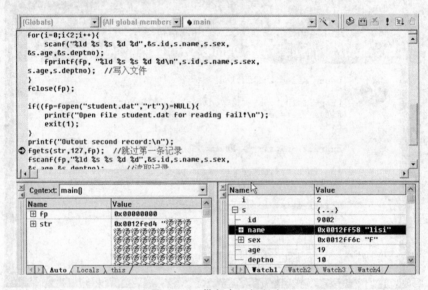

图 2.18 带断点运行程序

调试运行程序,输入两组学生信息:"9001 zhangsan M 20 6"和"9002 lisi F 19 10",程序运行到断点处停下来,这时 Context 窗口中显示了 main 函数中两个主要变量——fp 和 str 的值,其中 fp 是 NULL,str 是一些乱码。因还没有执行 fgets 语句,所以 str 是不确定的值很正常,但 fp 应该是非 NULL 值。因此可以断定问题就出在 fp 为 NULL 上。

在这期间,我们可以查看变量或表达式的值,只要在右边的 Watch 窗口中输入变量或表达式就可以了。如变量 i 和结构体 s 均可以显示出来。

发现了问题所在，我们就可以把断点再前移，找到使 fp 为 NULL 的语句。

我们把断点设置在前一句 fopen 上，发现执行该句后 fp 变为 NULL，但却没有进入是 NULL 的判断分支，仔细观察，原来是判断符号"＝＝"被写成了赋值符号"＝"。如图 2.19 所示。

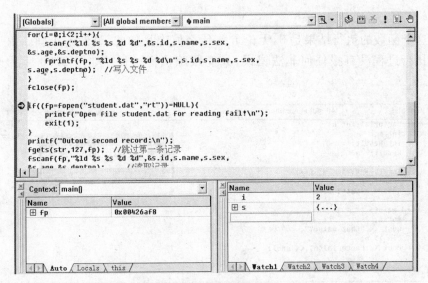

图 2.19 断点重新设置

2.3.4.2 调试示例 2

例 2.4 编写阶乘的函数实现。

♯include ＜iostream.h＞
♯include ＜conio.h＞

int Factorial(int n){
　　int i;
　　int Result;
　　Result = n;
　　for (i = 0; i ＜ n; i++)
　　Result *= i;
　　return Result;
}

```
void main() {
    int n;
    cout << "What value?";
    cin >> n;
    cout << Factorial(n) << endl;
}
```

这个函数的执行结果是0，无论n是什么值都是如此，显然不正确。由于编译和执行过程没有报任何非法错误，只能跟踪执行过程。如图2.20所示设置断点。

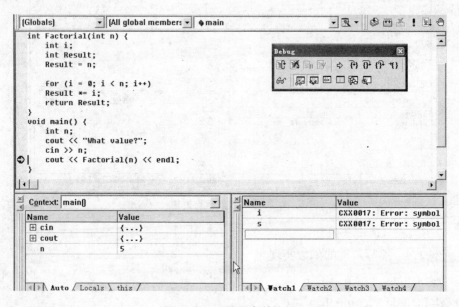

图 2.20 设置断点并执行

按<F5>键执行，输入n为5，执行到断点，单击按钮 或按<F11>键跟踪进入Factorial函数内部，然后一直单步执行(<F10>)，直到执行到如图2.21所示行，程序运行都是正常的。

这时在Context窗口中可以看到n=5，Result=5，都是正确的。再单步运行一次，发现Result=0了。因为这时i是0，而Result *= i，很显然Result会是0。因此问题就出在i的值上了，i是不能为0的，也就是说i的循环应该从1开始。

找到原因后，修改 i 循环的下界为 1，去掉断点，重新运行程序，得到正确结果。

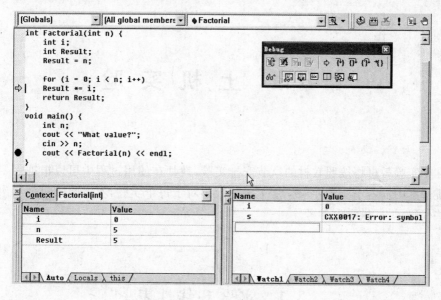

图 2.21　执行程序

第3章 上 机 实 验

本实验教材将按照教材的章节安排实验,教师在使用过程中可以根据需要适当挑选其中的若干实验要求学生上机完成。对于每个实验,本实验教材都给出了一些代码示例,供学生参考。

3.1 实验1:线性表

3.1.1 背景知识

线性表是一种简单且应用广泛的基本结构,其特点是在非空的数据元素集合中,元素之间在逻辑上存在一个序偶关系:除了第一个元素外,都有一个直接前驱;除了最后一个元素外,都有一个直接后继。

线性表的抽象数据类型定义如下:

ADT List{
  数据对象:$D = \{a_i | a_i \in ElemSet, i = 1, 2, \ldots, n, n \geq 0, ElemSet$ 为元素集合$\}$
  数据关系:$R = \{<a_{i-1}, a_i> | a_{i-1}, a_i \in D, i = 1, 2, \ldots, n\}$
  基本操作:
    InitList(&L);   //构造空线性表
    DestroyList(&L); //销毁线性表
    ClearList(&L);   //将L置空
    ListEmpty(L);   //检查L是否为空
    ListLength(L);   //返回L中元素个数

```
    GetElem(L,i,&e);         //返回 L 中第 i 个元素赋予 e
    LocateItem(L,e);         //返回 L 中 e 的位置
    PriorElem(L,cur_e,&pre_e);   //将 L 中 cur_e 的前一个元素赋予 pre_e
    NextElem(L,cur_e,&next_e);   //将 L 中 cur_e 的后一个元素赋予 next_e
    ListInsert(&L,i,e);      //在 L 中 i 位置前插入 e
    ListDelete(&L,i,&e);     //删除 L 中第 i 个元素,并赋予 e
    ListTravers(L);          //依次输出 L 中元素
}
```

3.1.2 实验目的

◇ 熟悉线性表的定义及其顺序和链式存储结构。
◇ 掌握工程中的头文件、实现文件和主文件之间的相互关系。
◇ 熟悉对线性表的一些基本操作和具体的函数定义。
◇ 熟悉 C++ 环境中工程文件的使用。

3.1.3 实验要求

◇ 认真阅读"实验内容"中给出的示例程序。
◇ 熟悉 C++ 程序的基本结构,会创建工程文件。
◇ 在计算机上实现对线性表的基本操作文件(实现文件)。
◇ 编写自己的主文件,实现"动手与实践"部分的内容。

3.1.4 实验内容

3.1.4.1 示例 1:整型元素顺序表操作
1. 建立一个头文件 sqlist1.h,内容如下:

```
#define LIST_INIT_SIZE 100
#define LIST_INC_SIZE 20
typedef int ElemType;    //ElemType 定义为 int 类型
typedef struct{
    ElemType   * elem;
    int         listsize;
    int         length;
}SqList;
```

```
//初始化线性表
bool InitList_sq(SqList &L, int msize = LIST_INIT_SIZE);
//销毁线性表
void DestroyList_sq(SqList &L);
//清空线性表
void ClearList_sq(SqList &L);
//判断线性表是否为空
bool ListEmpty_sq(SqList L);
//判断线性表是否满
bool ListFull_sq(SqList L);
//求线性表长度
int ListLength_sq(SqList L);
//查找元素
int LocateItem_sq(SqList L, ElemType e);
//获取元素
bool GetItem_sq(SqList L, int i, ElemType &e);
//插入元素
bool ListInsert_sq(SqList &L, int i, ElemType e);
//删除元素
bool ListDelete_sq(SqList &L, int i, ElemType &e);
//遍历元素
void ListTraverse_sq(SqList L);
//扩展线性表
bool Increment(SqList &L, int inc_size = LIST_INC_SIZE);
```

2. 建立一个实现文件sqlist1.cpp，内容如下：

```
#include <stdio.h>
#include <stdlib.h>
#include <iostream.h>
#include "sqlist1.h"

//初始化线性表
bool InitList_sq(SqList &L, int msize)
```

```cpp
{
    L.elem = new ElemType[msize];
    if(!L.elem){cerr<<"分配内存错误!"<<endl;return false;}
    L.listsize = msize;
    L.length = 0;
    return true;
}

//销毁线性表
void DestroyList_sq(SqList &L)
{
    delete [] L.elem;
    L.listsize = 0;
    L.length = 0;
}

//清空线性表
void ClearList_sq(SqList &L)
{
    L.length = 0;
}

//判断线性表是否为空
bool ListEmpty_sq(SqList L)
{
    return (L.length == 0);
}

//判断线性表是否满
bool ListFull_sq(SqList L)
{
    return(L.length == L.listsize);
}
```

```cpp
//求线性表长度
int ListLength_sq(SqList L)
{
    return L.length;
}


//查找元素
int LocateItem_sq(SqList L,ElemType e)
{
    int i;
    for(i=0;i<L.length;i++)      //依次查找每个元素
        if(L.elem[i]==e)return i+1; //找到位序为i的元素
    return 0;
}


//获取元素
bool GetItem_sq(SqList L,int i,ElemType &e)
{
    if(i<1||i>L.length){printf("i 值非法!");return false;}
    e=L.elem[i-1];
    return true;
}


//插入元素
bool ListInsert_sq(SqList &L,int i,ElemType e)
{
    int j;
    if(i<1||i>L.length+1){printf("i 值非法!");return false;}
    if(ListFull_sq(L))    //线性表已满
        if(Increment(L))return false;    //扩展失败
    for(j=L.length-1;j>=i-1;j--)
        L.elem[j+1]=L.elem[j];
```

```cpp
    L.elem[i-1]=e;
    ++L.length;
    return true;
}

//删除元素
bool ListDelete_sq(SqList &L,int i,ElemType &e)
{
    int j;
    if(i<1||i>L.length){printf("i值非法!");return false;}
    if(ListEmpty_sq(L))return false;
    e=L.elem[i-1];
    for(j=i;j<=L.length-1;j++)
        L.elem[j-1]=L.elem[j];
    --L.length;
    return true;
}

//遍历线性表
void ListTraverse_sq(SqList L)
{
    int i;
    for(i=0;i<L.length;i++)
        cout<<L.elem[i]<<' ';
    cout<<endl;
}

bool Increment(SqList &L,int inc_size)
{
    //增加顺序表L的容量为listsize+inc_size
    int i;
    ElemType *a;
    a=new ElemType[L.listsize+inc_size];    //为a指针动态分配内存
```

```
        if(! a)return false；         //分配失败
        for(i=0;i<L.length;i++)a[i]=L.elem[i];
        delete [] L.elem;
        L.elem=a;
        L.listsize+=inc_size;
        return true;
}
```

3. 建立主程序 exam1_1.cpp，内容如下：

```cpp
#include <stdio.h>
#include <stdlib.h>
#include <iostream.h>
#include "sqlist1.h"

void main()
{
    SqList L;
    ElemType e;
    int i;

    cout<<"1)初始化顺序表 L"<<endl;
    InitList_sq(L);
    cout<<"2)从键盘输入 5 个整型元素并插入线性表 L:";
    for (i=1;i<=5;i++){
        cin>>e;
        ListInsert_sq(L,i,e);
    }
    cout<<"3)输出线性表 L:"<<endl;
    ListTraverse_sq(L);
    cout<<"4)顺序表 L 长度 = "<<ListLength_sq(L)<<endl;
    cout<<"5)顺序表 L"<<(ListEmpty_sq(L)?"空":"非空")<<endl;

    cout<<"6)请输入顺序表 L 中待查元素位序:";
```

```cpp
    cin>>i;
    if(GetItem_sq(L,i,e))
        cout<<"顺序表 L 的第"<<i<<"个元素是:"<<e<<endl;
    else cout<<"输入数据非法!";

    cout<<"7)请输入线性表 L 中待查元素:";
    cin>>e;
    if((i=LocateItem_sq(L,e)))
        cout<<"元素"<<e<<"在顺序表 L 的位序是"<<i<<endl;
    else cout<<"元素"<<e<<"不在顺序表 L 中"<<endl;

    cout<<"8)输入要插入顺序表 L 的位置和元素:";
    cin>>i>>e;
    cout<<(ListInsert_sq(L,i,e)?"插入成功!":"插入失败!")<<endl;
    cout<<"插入后输出线性表 L:";
    ListTraverse_sq(L);

    cout<<"9)输入要删除顺序表 L 的元素的位置:";
    cin>>i;
    cout<<(ListDelete_sq(L,i,e)?"删除成功!":"删除失败!")<<endl;
    cout<<"删除后输出线性表 L:";
    ListTraverse_sq(L);

    cout<<"10)销毁线性表 L."<<endl;
    DestroyList_sq(L);
}
```

示例 1 的运行结果如图 3.1 所示。

3.1.4.2 示例 2:结构体元素顺序表操作

下面的示例是针对 ElemType 为结构体的顺序表的操作演示。要特别注意 C++中运算符重载的应用。

1. 建立一个头文件 sqlist2.h,内容如下:

```cpp
#define LIST_INIT_SIZE 100
```

```
1）初始化顺序表L
2）从键盘输入5个整型元素并插入线性表L：1 3 5 7 9
3）输出线性表L：
1 3 5 7 9
4）顺序表L长度=5
5）顺序表L非空
6）请输入顺序表L中待查元素位序：2
顺序表L的第2个元素是：3
7）请输入线性表L中待查元素：7
元素7在顺序表L的位序是4
8）输入要插入顺序表L的位置和元素：3 8
插入成功！
插入后输出线性表L：1 3 8 5 7 9
9）输入要删除顺序表L的元素的位置：4
删除成功！
删除后输出线性表L：1 3 8 7 9
10）销毁线性表L。
Press any key to continue
```

图 3.1 示例 1 运行结果

```
#define LIST_INC_SIZE 20
struct student{
    char    id[10];
    char    name[10];
    int     age;
};
typedef student ElemType;   //ElemType 定义为结构体 student 类型
typedef struct{
    ElemType    * elem;
    int         listsize;
    int         length;
}SqList;
//初始化线性表
bool InitList_sq(SqList &L, int msize = LIST_INIT_SIZE);
//销毁线性表
void DestroyList_sq(SqList &L);
```

```
//清空线性表
void ClearList_sq(SqList &L);
//判断线性表是否为空
bool ListEmpty_sq(SqList L);
//判断线性表是否满
bool ListFull_sq(SqList L);
//求线性表长度
int ListLength_sq(SqList L);
//查找元素
int LocateItem_sq(SqList L,ElemType e);
//获取元素
bool GetItem_sq(SqList L,int i,ElemType &e);
//插入元素
bool ListInsert_sq(SqList &L,int i,ElemType e);
//删除元素
bool ListDelete_sq(SqList &L,int i,ElemType &e);
//遍历元素
void ListTraverse_sq(SqList L);
//扩展线性表
bool Increment(SqList &L,int inc_size=LIST_INC_SIZE);
//比较元素相等
bool operator == (const ElemType r1,const ElemType r2);
//比较元素大小
bool operator < (const ElemType r1,const ElemType r2);
//输出元素
ostream & operator << (ostream & ostr,const ElemType r);
//输入元素
istream & operator >> (istream & istr,ElemType &r);
```

2. 建立一个实现文件sqlist2.cpp,内容如下:

```
#include <stdio.h>
#include <stdlib.h>
#include <iomanip.h>
```

```cpp
#include <string.h>
#include "sqlist2.h"

//初始化线性表
bool InitList_sq(SqList &L, int msize)
{
    L.elem = new ElemType[msize];
    if(! L.elem){cerr<<"分配内存错误!"<<endl;return false;}
    L.listsize = msize;
    L.length = 0;
    return true;
}


//销毁线性表
void DestroyList_sq(SqList &L)
{
    delete [] L.elem;
    L.listsize = 0;
    L.length = 0;
}


//清空线性表
void ClearList_sq(SqList &L)
{
    L.length = 0;
}


//判断线性表是否为空
bool ListEmpty_sq(SqList L)
{
    return (L.length == 0);
}
```

```c
//判断线性表是否满
bool ListFull_sq(SqList L)
{
    return(L.length==L.listsize);
}

//求线性表长度
int ListLength_sq(SqList L)
{
    return L.length;
}

//查找元素
int LocateItem_sq(SqList L,ElemType e)
{
    int i;
    for(i=0;i<L.length;i++)      //依次查找每个元素
        if(L.elem[i]==e)return i+1;  //找到位序为i的元素
    return 0;
}

//获取元素
bool GetItem_sq(SqList L,int i,ElemType &e)
{
    if(i<1||i>L.length){printf("i值非法!");return false;}
    e=L.elem[i-1];
    return true;
}

//插入元素
bool ListInsert_sq(SqList &L,int i,ElemType e)
{
    int j;
```

```
if(i<1||i>L.length+1){printf("i 值非法!");return false;}
if(ListFull_sq(L))    //线性表已满
if(Increment(L))return false;    //扩展失败
for(j=L.length-1;j>=i-1;j--)
    L.elem[j+1]=L.elem[j];
L.elem[i-1]=e;
++L.length;
return true;
}

//删除元素
bool ListDelete_sq(SqList &L,int i,ElemType &e)
{
    int j;
    if(i<1||i>L.length) {printf("i 值非法!");return false;}
    if(ListEmpty_sq(L))return false;
    e=L.elem[i-1];
    for(j=i;j<=L.length-1;j++)
    L.elem[j-1]=L.elem[j];
    --L.length;
    return true;
}

//遍历线性表
void ListTraverse_sq(SqList L)
{
    int i;
    for(i=0;i<L.length;i++)
    cout<<L.elem[i]<<endl;
    cout<<endl;
}

bool Increment(SqList &L,int inc_size)
```

```cpp
{
    //增加顺序表L的容量为listsize+inc_size
    int i;

    ElemType *a;
    a = new ElemType[L.listsize+inc_size];    //为a指针动态分配内存
    if(!a) return false;                       //分配失败
    for(i=0;i<L.length;i++)a[i]=L.elem[i];
    delete [] L.elem;
    L.elem = a;
    L.listsize += inc_size;
    return true;
}


//比较元素相等
bool operator == (const ElemType r1, const ElemType r2)
{
    return (strcmp(r1.id,r2.id)==0);
}


//比较元素大小
bool operator < (const ElemType r1, const ElemType r2)
{
    return strcmp(r1.id,r2.id)<0;
}


//输出元素
ostream & operator << (ostream & ostr, const ElemType r)
{
    ostr.setf(ios::left);
    ostr<<setw(10)<<r.id<<setw(10)<<r.name<<r.age;
    return ostr;
}
```

```cpp
//输入元素
istream & operator >> (istream & istr, ElemType &r)
{
    istr>>r.id>>r.name>>r.age;
    return istr;
}
```

3. 建立主程序 exam1_2.cpp,内容如下:

```cpp
#include <stdio.h>
#include <stdlib.h>
#include <iostream.h>
#include "sqlist2.h"

void main()
{
    SqList L;
    ElemType e;
    int i;

    cout<<"1)初始化顺序表 L"<<endl;
    InitList_sq(L);
    cout<<"2)从键盘输入 3 个结构体元素并插入线性表 L:"<<endl;
    for (i=1;i<=3;i++){
        cin>>e;
        ListInsert_sq(L,i,e);
    }
    cout<<"3)输出线性表 L:"<<endl;
    ListTraverse_sq(L);
    cout<<"4)顺序表 L 长度 = "<<ListLength_sq(L)<<endl;
    cout<<"5)顺序表 L"<<(ListEmpty_sq(L)?"空":"非空")<<endl;

    cout<<"6)请输入顺序表 L 中待查元素位序:";
```

```
    cin>>i;
    if(GetItem_sq(L,i,e))
        cout<<"顺序表 L 的第"<<i<<"个元素是:"<<e<<endl;
    else cout<<"输入数据非法!";

    cout<<"7)请输入线性表 L 中待查元素:";
    cin>>e;
    if((i=LocateItem_sq(L,e)))
        cout<<"元素"<<e<<"在顺序表 L 的位序是"<<i<<endl;
    else cout<<"元素"<<e<<"不在顺序表 L 中"<<endl;

    cout<<"8)输入要插入顺序表 L 的位置和元素:";
    cin>>i>>e;
    cout<<(ListInsert_sq(L,i,e)?"插入成功!":"插入失败!")<<endl;
    cout<<"插入后输出线性表 L:"<<endl;
    ListTraverse_sq(L);

    cout<<"9)输入要删除顺序表 L 的元素的位置:";
    cin>>i;
    cout<<(ListDelete_sq(L,i,e)?"删除成功!":"删除失败!")<<endl;
    cout<<"删除后输出线性表 L:"<<endl;
    ListTraverse_sq(L);

    cout<<"10)销毁线性表 L."<<endl;
    DestroyList_sq(L);
}
```

示例 2 的运行结果如图 3.2 所示。

3.1.4.3 示例 3:单链表的实现与操作

下面的示例给出了不带头结点的单链表的实现与操作。

1. 建立一个头文件 linklist.h,内容如下:

```
#define LIST_INIT_SIZE 100
#define LIST_INC_SIZE 20
```

```
1)初始化顺序表L
2)从键盘输入3个结构体元素并插入线性表L：
9001  张三  20
9002  李四  21
9003  王五  22
3)输出线性表L：
9001      张三          20
9002      李四          21
9003      王五          22

4)顺序表L长度=3
5)顺序表L非空
6)请输入顺序表L中待查元素位序:2
顺序表L的第2个元素是:9002        李四          21
7)请输入线性表L中待查元素:9003 王五 22
元素9003        王五          22在顺序表L的位序是3
8)输入要插入顺序表L的位置和元素:2 9004 孙俪 23
插入成功！
插入后输出线性表L：
9001      张三          20
9004      孙俪          23
9002      李四          21
9003      王五          22

9)输入要删除顺序表L的元素的位置:3
删除成功！
删除后输出线性表L：
9001      张三          20
9004      孙俪          23
9003      王五          22

10)销毁线性表L。
Press any key to continue_
```

图 3.2　示例 2 运行结果

typedef char ElemType；　　//ElemType 定义为 char 类型
typedef struct LNode{
　　ElemType　　data；
　　struct LNode　*next；
}LNode, *LinkList；
//初始化链表
void InitList_L(LinkList &L)；

```
//销毁链表
void DestroyList_L(LinkList &L);
//判断链表是否为空
bool ListEmpty_L(LinkList L);
//求链表长度
int ListLength_L(LinkList L);
//查找元素
int LocateItem_L (LinkList L,ElemType e);
//获取元素
bool GetItem_L(LinkList L,int i,ElemType &e);
//插入元素
bool ListInsert_L(LinkList &L,int i,ElemType e);
//删除元素
bool ListDelete_L(LinkList &L,int i,ElemType &e);
//遍历元素
void ListTraverse_L(LinkList L);
```

2. 建立一个实现文件 linklist.cpp，内容如下：

```
#include <stdio.h>
#include <stdlib.h>
#include <iomanip.h>
#include <string.h>
#include "linklist.h"

//初始化链表
void InitList_L(LinkList &L)
{
    L = NULL;
}

//销毁链表
void DestroyList_L(LinkList &L)
{
```

```
    LNode *p;
    while(L){
        p=L;
        L=L->next;
        delete p;
    }
}

//判断链表是否为空
bool ListEmpty_L(LinkList L)
{
    return (L==NULL);
}

//求链表长度
int ListLength_L(LinkList L)
{
    LNode *p=L;
    int k=0;
    while(p){p=p->next;k++;}
    return k;
}

//查找元素
int LocateItem_L(LinkList L,ElemType e)
{
    int j=1;
    LNode *p=L;
    while(p&&p->data!=e){p=p->next;j++;}
    if(p)return j;
    else return 0;
}
```

```cpp
//获取元素
bool GetItem_L(LinkList L,int i,ElemType &e)
{
    int j=1;
    LNode * p=L;
    if(i<1){printf("i 值非法!");return false;}
    while(j<i&&p){
        j++;
        p=p->next;
    }
    if(p)
        {e=p->data;return true;}
    else
        return false;
}

//插入元素
bool ListInsert_L(LinkList &L,int i,ElemType e)
{
    int     j=1;
    LNode   *p=L,*s;
    if(i<1){printf("i 值非法!");return false;}
    while(j<i-1&&p){p=p->next;j++;}        //p 指向 i-1 结点
    if(!p&&i!=1){
        cout<<"未找到 i-1 结点!"<<endl;
        return false;
    }
    s=new LNode;
    s->data=e;
    if(i==1){
        s->next=L;
        L=s;
    }
```

```cpp
    else{
        s->next=p->next;
        p->next=s;
    }
    return true;
}

//删除元素
bool ListDelete_L(LinkList &L,int i,ElemType &e)
{
    int j=1;
    LNode *p=L,*q;

    if(i<1){printf("i值非法!");return false;}
    while(j<i-1&&p){p=p->next;j++;}        //p指向i-1结点
    if(!p||!(p->next)){
        cout<<"未找到i-1/i结点!"<<endl;
        return false;
    }
    if(i==1){                              //删除第一个结点
        q=L;
        L=L->next;
        e=q->data;
    }
    else{
        q=p->next;
        p->next=q->next;
        e=q->data;
    }
    delete q;
    return true;
}
```

```
//遍历链表
void ListTraverse_L(LinkList L)
{
    LNode *p=L;
    while(p){
        cout<<p->data<<' ';
        p=p->next;
    }
    cout<<endl;
}
```

3. 建立主程序 exam1_3.cpp,内容如下:

```
#include <stdio.h>
#include <stdlib.h>
#include <iomanip.h>
#include "linklist.h"

void main()
{
    LinkList L;
    ElemType e;
    int i;

    cout<<"1)初始化单链表 L"<<endl;
    InitList_L(L);
    cout<<"2)顺序插入链表 L 元素 a、b、c、d、e."<<endl;
    for (i=1;i<=5;i++)
        ListInsert_L(L,i,'a'+i-1);
    cout<<"3)输出单链表 L:"<<endl;
    ListTraverse_L(L);
    cout<<"4)单链表 L 长度 = "<<ListLength_L(L)<<endl;
    cout<<"5)单链表 L"<<(ListEmpty_L(L)?"空":"非空")<<endl;
    if(GetItem_L(L,3,e))
```

cout<<"6)单链表 L 中第 3 个元素是:"<<e<<endl;
cout<<"7)元素'b'在单链表中的位序是:"<<LocateItem_L(L,'b')<<endl;
cout<<"8)在单链表 L 中第 4 位置插入元素'f'."<<endl;
cout<<(ListInsert_L(L,4,'f')?"插入成功!":"插入失败!")<<endl;
cout<<"插入后输出单链表 L:"<<endl;
ListTraverse_L(L);
cout<<"9)删除单链表 L 中第 3 个元素.";
cout<<(ListDelete_L(L,3,e)?"删除成功!":"删除失败!")<<endl;
cout<<"删除后输出单链表 L:"<<endl;
ListTraverse_L(L);
cout<<"10)销毁单链表 L."<<endl;
DestroyList_L(L);
}

示例 3 的运行结果如图 3.3 所示。

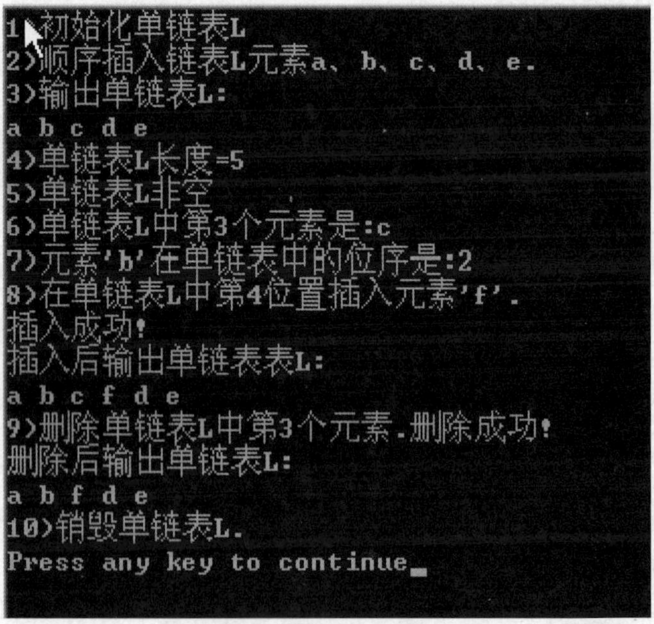

图 3.3 示例 3 运行结果

3.1.4.4 动手与实践

- 修改示例 3 中的主程序 exam3.cpp,使之能够接受交互输入。
- 修改示例 3 中 ElemType 类型为结构体类型,重新实现 linklist.cpp。
- 约瑟夫问题求解。

(1) 内容:

约瑟夫(Joseph)问题的一种描述是:编号为 1,2,…,n 的 n 个人按顺时针方向围坐一圈,每人持有一个密码(正整数)。一开始选任一个正整数作为报数上限值 m,从第一个人开始按顺时针方向自 1 开始顺序报数,报到 m 时停止报数。报 m 的人出列,将他的密码作为新的 m 值,再从下一个人开始新一轮报数。如此反复,直到剩下最后一人则为获胜者。试设计一个程序求出出列顺序。

(2) 要求:

利用单向循环链表存储结构模拟此过程,按照出列的顺序打印输出各人的编号。

(3) 测试数据:

n=7,7 个人的密码依次为 3,1,7,2,4,8,4,m 的初值为 20,则正确的出列顺序应为 6,1,4,7,2,3,5。

(4) 输入输出:

输入数据:建立输入函数处理输入数据,要求输入 n 以及每个人的密码和 m 的初值。

输出形式:建立一个输出函数,输出正确的序列。

3.2 实验2:栈与队列

3.2.1 背景知识

栈和队列可以看作是一种特殊的线性表,它们都属于操作受限的线性表。从逻辑上来看,栈是限定仅在一端进行插入和删除操作的线性表,允许插入和删除的一端称为栈顶(Top),另一端称为栈底(Bottom);队列则是限定在一端插入另一端删除的线性表,删除的一端称队首(Front),插入的一端称为队尾(Rear)。

栈的插入和删除按后进先出的原则(LIFO,Last In First Out),队列的插入和删除按先进先出的原则(FIFO,First In First Out)。

栈的抽象数据类型定义如下：

ADT Stack{

  数据对象：$D = \{a_i \mid a_i \in ElemSet, i = 1, 2, \ldots, n, n \geq 0, ElemSet$ 为元素集合$\}$

  数据关系：$R = \{<a_{i-1}, a_i> \mid a_{i-1}, a_i \in D, i = 1, 2, \ldots, n\}$

  基本操作：

   InitStack(&S); //构造空栈

   DestroyStack(&S); //销毁栈

   ClearStack(&S); //将栈置空

   StackEmpty(S); //检查栈是否为空

   StackLength(S); //返回栈中元素个数

   GetTop(S,&e); //返回栈顶元素赋予 e

   Push(S,e); //插入 e 为新的栈顶元素

   Pop(S,&e); //删除栈顶元素并赋予 e

   StackTravers(S); //依次输出栈中元素

}

队列的抽象数据类型定义如下：

ADT Queue{

  数据对象：$D = \{a_i \mid a_i \in ElemSet, i = 1, 2, \ldots, n, n \geq 0, ElemSet$ 为元素集合$\}$

  数据关系：$R = \{<a_{i-1}, a_i> \mid a_{i-1}, a_i \in D, i = 1, 2, \ldots, n\}$

  基本操作：

   InitQueue(&Q); //构造空队列

   DestroyQueue(&Q); //销毁队列

   ClearQueue(&Q); //将队列置空

   QueueEmpty(Q); //检查队列是否为空

   QueueLength(Q); //返回队列中元素个数

   GetHead(Q,&e); //返回队首元素赋予 e

   EnQueue(Q,e); //在队尾插入新元素 e

   DeQueue(Q,&e); //删除队首元素并赋予 e

   QueueTravers(Q); //依次输出队列中元素

}

3.2.2 实验目的

◇ 熟悉栈和队列的定义及其顺序和链式存储结构。
◇ 掌握栈的 LIFO 和队列的 FIFO 特点。
◇ 熟悉栈和队列的一些基本操作及其具体实现。
◇ 通过应用示例,进一步熟悉和掌握栈和队列的实践应用。

3.2.3 实验要求

◇ 认真阅读"实验内容"中给出的示例程序。
◇ 在计算机上输入示例程序中关于栈和队列的实现程序。
◇ 调试和运行示例程序。
◇ 编写程序实现"动手与实践"部分的要求。

3.2.4 实验内容

3.2.4.1 示例 1:顺序栈的操作

1. 建立一个头文件 sqstack.h,内容如下:

```
#define STACK_INIT_SIZE 100
typedef char SElemType;        //ElemType 定义为 char 类型
typedef struct{
    SElemType    * elem;
    int          stacksize;
    int          top;
}SqStack;
//初始化栈
bool InitStack_sq(SqStack &S,int msize = STACK_INIT_SIZE);
//销毁栈
void DestroyStack_sq(SqStack &S);
//清空栈
void ClearStack_sq(SqStack &S);
//判断栈是否为空
bool StackEmpty_sq(SqStack S);
//判断栈是否满
```

```cpp
bool StackFull_sq(SqStack S);
//求栈长度
int StackLength_sq(SqStack S);
//获取栈顶元素
bool GetTop_sq(SqStack S,SElemType &e);
//元素入栈
bool Push_sq(SqStack &S,SElemType e);
//元素出栈
bool Pop_sq(SqStack &S,SElemType &e);
//遍历元素
void StackTraverse_sq(SqStack S);
```

2. 建立一个实现文件sqstack.cpp,内容如下：

```cpp
#include <stdio.h>
#include <stdlib.h>
#include <iostream.h>
#include "sqstack.h"

//初始化栈
bool InitStack_sq(SqStack &S,int msize)
{
    S.elem = new SElemType[msize];
    //给elem指针动态分配msize长度的数组
    if(! S.elem){cerr<<"分配内存错误!"<<endl;return false;}
    S.stacksize = msize;        //顺序栈的最大容量
    S.top = -1;                 //顺序栈初始时空栈
    return true;
}


//销毁栈
void DestroyStack_sq(SqStack &S)
{
    delete [] S.elem;
```

```
    S.stacksize = 0;
    S.top = -1;
}

//清空栈
void ClearStack_sq(SqStack &S)
{
    S.top = -1;
}

//判断栈是否为空
bool StackEmpty_sq(SqStack S)
{
    return (S.top = = -1);
}

//判断栈是否满
bool StackFull_sq(SqStack S)
{
    return(S.top = = S.stacksize - 1);
}

//求栈长度
int StackLength_sq(SqStack S)
{
    return S.top + 1;
}

//获取栈顶元素
bool GetTop_sq(SqStack S,SElemType &e)
{
    if(S.top = = -1)return false;
    e = S.elem[S.top];
```

```cpp
    return true;
}

//元素入栈
bool Push_sq(SqStack &S, SElemType e)
{
    if(StackFull_sq(S))return false;
    S.elem[++S.top] = e;
    return true;
}

//元素出栈
bool Pop_sq(SqStack &S, SElemType &e)
{
    if(StackEmpty_sq(S))return false;
    e = S.elem[S.top--];
    return true;
}

//遍历元素
void StackTraverse_sq(SqStack S)
{
    int i;
    for(i=0;i<=S.top;i++)
        cout<<S.elem[i]<<' ';
    cout<<endl;
}
```

3. 建立主程序 exam2_1.cpp，内容如下：

```cpp
#include <stdio.h>
#include <stdlib.h>
#include <iomanip.h>
#include "sqstack.h"
```

```
void main()
{
    SqStack S;
    SElemType e;
    int i;

    cout<<"1)初始化栈 S"<<endl;
    InitStack_sq(S);
    cout<<"2)依次进栈元素 a、b、c、d、e."<<endl;
    for (i=0;i<5;i++)
        Push_sq(S,'a'+i);
    cout<<"3)遍历输出栈 S:"<<endl;
    StackTraverse_sq(S);
    cout<<"4)栈 S 长度= "<<StackLength_sq(S)<<endl;
    cout<<"5)栈 S"<<(StackEmpty_sq(S)?"空":"非空")<<endl;
    if(GetTop_sq(S,e))
        cout<<"6)栈顶元素是:"<<e<<endl;
    cout<<"7)入栈元素'f'."<<endl;
    cout<<(Push_sq(S,'f')?"入栈成功!":"入栈失败!")<<endl;
    cout<<"入栈后输出栈全部元素:"<<endl;
    StackTraverse_sq(S);
    cout<<"8)出栈一个元素.";
    cout<<(Pop_sq(S,e)?"出栈成功!":"出栈失败!")<<endl;
    cout<<"出栈后输出栈:"<<endl;
    StackTraverse_sq(S);

    cout<<"9)元素依次出栈:";
    while(!StackEmpty_sq(S)){Pop_sq(S,e);cout<<e<<' ';}
    cout<<endl;
    cout<<"栈 S"<<(StackEmpty_sq(S)?"空":"非空")<<endl;

    cout<<"10)销毁栈 S."<<endl;
```

        DestroyStack_sq(S);
}

示例1的运行结果如图3.4所示。

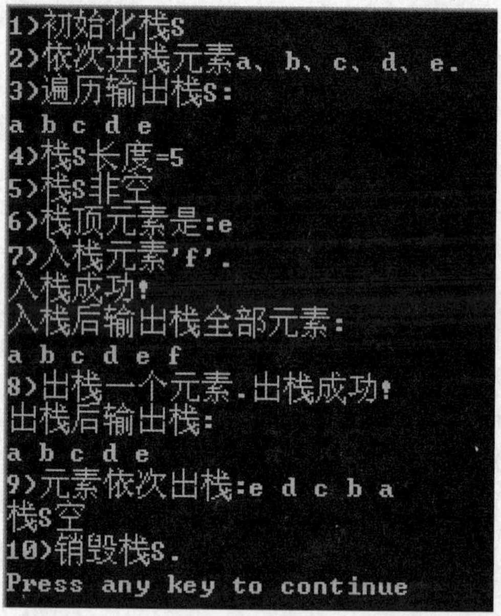

```
1)初始化栈s
2)依次进栈元素a、b、c、d、e.
3)遍历输出栈s:
a b c d e
4)栈s长度=5
5)栈s非空
6)栈顶元素是:e
7)入栈元素'f'.
入栈成功!
入栈后输出栈全部元素:
a b c d e f
8)出栈一个元素.出栈成功!
出栈后输出栈:
a b c d e
9)元素依次出栈:e d c b a
栈s空
10)销毁栈s.
Press any key to continue
```

图 3.4 示例 1 运行结果

3.2.4.2 示例 2:链队列的操作

因链队列用到了有关链表的方法,因此本示例工程需要包含有 linklist.h。

1. 建立一个头文件 linkqueue.h,内容如下:

\#define QUEUE_INIT_SIZE 100
\#include "linklist.h"

typedef char QElemType;   //ElemType 定义为 char 类型
typedef LinkList Queueptr;   //结点指针
typedef struct{
    Queueptr front;
    Queueptr rear;
}LinkQueue;   //链队列定义

//初始化队列
bool InitQueue_L(LinkQueue &Q);
//销毁队列
void DestroyQueue_L(LinkQueue &Q);
//清空队列
void ClearQueue_L(LinkQueue &Q);
//判断队列是否为空
bool QueueEmpty_L(LinkQueue Q);
//求队列长度
int QueueLength_L(LinkQueue Q);
//获取队首元素
bool GetHead_L(LinkQueue Q,QElemType &e);
//元素入队列
bool EnQueue_L(LinkQueue &Q, QElemType e);
//元素出队列
bool DeQueue_L(LinkQueue &Q,QElemType &e);
//遍历元素
void QueueTraverse_L(LinkQueue Q);

2. 建立一个实现文件 linkqueue.cpp,内容如下:

```
#include <stdio.h>
#include <stdlib.h>
#include <iostream.h>
#include "linkqueue.h"

//初始队列
bool InitQueue_L(LinkQueue &Q)
{
    Q.front = Q.rear = new LNode;
    //空队列拥有一个头结点
    if(! Q.front){cerr<<"分配内存错误!"<<endl;return false;}
    return true;
}
```

```c
//销毁队列
void DestroyQueue_L(LinkQueue &Q)
{
    while(Q.front){
        Q.rear = Q.front->next;
        delete Q.front;
        Q.front = Q.rear;
    }
}


//清空队列
void ClearQueue_L(LinkQueue &Q)
{
    QElemType e;
    while(Q.front! = Q.rear)DeQueue_L(Q,e);
}


//判断队列是否为空
bool QueueEmpty_L(LinkQueue Q)
{
    return (Q.front = = Q.rear);
}


//求队列长度
int QueueLength_L(LinkQueue Q)
{
    int i = 0;
    Queueptr p = Q.front;

    while(p! = Q.rear){i + + ;p = p->next;}
    return i;
}
```

```c
//获取队首元素
bool GetHead_L(LinkQueue Q,QElemType &e)
{
    if(Q.front= =Q.rear)return false;
    e=Q.front->next->data;
    return true;
}


//元素入栈
bool EnQueue_L(LinkQueue &Q, QElemType e)
{
    Queueptr p=new LNode;
    if(! p)return false;
    p->data=e;p->next=NULL;
    Q.rear->next=p;
    Q.rear=p;
    return true;
}


//元素出队列
bool DeQueue_L(LinkQueue &Q,QElemType &e)
{
    if(Q.front= =Q.rear)return false;
    Queueptr p=Q.front->next;
    Q.front->next=p->next;
    e=p->data;
    if(Q.rear= =p)Q.rear=Q.front;    //被删除的恰巧是最后一个结点
    delete p;
    return true;
}


//遍历元素
```

```cpp
void QueueTraverse_L(LinkQueue Q)
{
    Queueptr p=Q.front->next;
    while(p){cout<<p->data<<' ';p=p->next;}
    cout<<endl;
}
```

3. 建立主程序 exam2_2.cpp, 内容如下：

```cpp
#include <stdio.h>
#include <stdlib.h>
#include <iomanip.h>
#include "LinkQueue.h"

void main()
{
    LinkQueue Q;
    QElemType e;
    int i;

    cout<<"1)初始化队列 Q"<<endl;
    InitQueue_L(Q);
    cout<<"2)依次入队列元素 a、b、c、d、e."<<endl;
    for(i=0;i<5;i++)
        EnQueue_L(Q,'a'+i);
    cout<<"3)输出队列 Q:"<<endl;
    QueueTraverse_L(Q);
    cout<<"4)队列 Q 长度 = "<<QueueLength_L(Q)<<endl;
    cout<<"5)队列 Q"<<(QueueEmpty_L(Q)?"空":"非空")<<endl;
    if(GetHead_L(Q,e))
        cout<<"6)队首元素是:"<<e<<endl;
    cout<<"7)入队列元素'f'."<<endl;
    cout<<(EnQueue_L(Q,'f')?"入队列成功!":"入队列失败!")<<endl;
    cout<<"入队列后输出队列全部元素:"<<endl;
```

QueueTraverse_L(Q);
cout<<"8)出队列一个元素.";
cout<<(DeQueue_L(Q,e)?"出队列成功!":"出队列失败!")<<endl;
cout<<"出队列后输出全部元素:"<<endl;
QueueTraverse_L(Q);

cout<<"9)元素依次出队列:";
while(! QueueEmpty_L(Q)){DeQueue_L(Q,e);cout<<e<<' ';}
cout<<endl;
cout<<"队列 Q"<<(QueueEmpty_L(Q)?"空":"非空")<<endl;

cout<<"10)销毁队列 Q."<<endl;
DestroyQueue_L(Q);
}

示例 2 的运行结果如图 3.5 所示。

```
1)初始化队列Q
2)依次入队列元素a、b、c、d、e.
3)输出队列Q:
a b c d e
4)队列Q长度=5
5)队列Q非空
6)队首元素是:a
7)入队列元素'f'.
入队列成功!
入队列后输出队列全部元素:
a b c d e f
8)出队列一个元素.出队列成功!
出队列后输出全部元素:
b c d e f
9)元素依次出队列:b c d e f
队列Q空
10)销毁队列Q.
Press any key to continue_
```

图 3.5　示例 2 运行结果

3.2.4.3 动手与实践

☞ 编写链栈的实现文件 linkstack.cpp,并编写验证主程序。

☞ 编写顺序队列的实现文件 sqqueue.cpp,并编写验证主程序。

☞ 停车场问题。

(1) 内容:

设停车场是一个可停放 n 辆汽车的狭长通道,且只有一个大门可供汽车进出。汽车在停车场内按车辆到达时间的先后顺序,依次由北向南排列(大门在最南端,最先到达的停在最北端);若停车场内已经停满 n 辆车,那么后来的车只能在场外等候,一旦有车开走,则等候在第一位的车即可开入(这是一个队列,设长度为 m);当停车场内某辆车需要开出时,则在它之后的车辆必须给它让道,当这辆车驶出停车场后,其他车辆按序入栈。每辆车按时间收费。

(2) 要求:

以栈模拟停车场,以队列模拟车场外的便道,按照从终端读入数据的序列进行模拟管理。每一组输入数据包括三个信息:汽车的"到达"("A"表示)或"离去"("D"表示)信息,汽车标识(牌照号)以及到达或离去的时刻。对每一组输入数据进行操作后的输出信息为:若是车辆到达,则输出汽车在停车场内或者便道上的停车位置;若是车辆离去,则输出汽车在停车场停留的时间和应缴纳的费用(便道上不收费)。栈以顺序结构实现,队列以链表结构实现。

(3) 测试数据:

设 n=3,m=4,停车价格为 p=2。输入数据为:

('A',101,5),('A',102,10),('D',101,15),

('A',103,20),('A',104,25),('A',105,30),

('D',102,35),('D',104,40),('E',0,0)

其中"A"表示到达,"D"表示离开,"E"表示结束。时间为相对分钟数。

(4) 输入输出:

输入数据:程序接受 5 个命令,分别是:到达('A',车牌号,时间);离去('D',车牌号,时间);停车场(P,0,0)显示停车场的车;候车场(W,0,0)显示便道的车;退出(E,0,0)退出程序。

输出数据:对于车辆到达,要输出汽车在停车场内或者便道上的停车位置;对于车辆离去,则输出汽车在停车场停留的时间和应缴纳的费用(便道上不收费)。

3.3 实验 3:串与数组

3.3.1 背景知识

字符串是计算机应用中很重要的一种数据对象。随着程序设计语言处理技术的发展,也就产生了字符串处理,这样字符串作为一种数据类型在越来越多的程序设计语言中出现。C语言中也有专门的字符串操作函数。

字符串的抽象数据类型定义如下:

ADT String{
  数据对象:$D = \{a_i | a_i \in CharSet, i = 1,2,\ldots,n, n \geqslant 0 \}$
  数据关系:$R = \{<a_{i-1},a_i> | a_{i-1},a_i \in D, i = 1,2,\ldots,n\}$
  基本操作:
    StrAssign(&T,chars); //生成一个值为 chars 的串 T
    StrCopy(&T,S); //串 S 复制到 T
    StrEmpty(S); //检查字符串是否为空串
    StrLength(S); //返回字符串长度
    StrCompare(S,T); //比较字符串大小
    StrConcat(&T,S1,S2); //S1、S2 连接成新串 T
    SubString(&Sub,S,pos,len); //从 pos 位置开始取 S 的长度为 len 的子串
    Index(S,T,pos); //在 S 串中查找子串 T 的位置
    Replace(&S,T,V); //把 S 中 T 子串替换为 V
    StrInsert(&S,pos,T); //把 T 插入 S 中 pos 位置
    StrDelete(&S,pos,len); //删除 S 中 pos 位置开始的长度为 len 的子串
    DestroyString(&S); //销毁串 S
}

3.3.2 实验目的

◇ 通过对串特点的分析,掌握串的主要存储结构。

◇ 在串的具体的存储结构基础上,实现串的基本操作。
◇ 通过应用示例,进一步熟悉和掌握字符串的应用。

3.3.3 实验要求

◇ 认真阅读"实验内容"中给出的示例程序。
◇ 在计算机上输入示例程序中字符串操作的实现程序。
◇ 调试和运行示例程序。
◇ 编写程序实现"动手与实践"部分的要求。

3.3.4 实验内容

3.3.4.1 示例:顺序串的各种操作

C语言中的字符串用以"\0"结束的字符数组来表示。这里我们使用另一种静态存储方法,即首字符存储字符串的长度,我们定义为SString。在本示例中,我们使用该存储结构来实现字符串的各种操作。

1. 建立一个头文件 sstring.h,内容如下:

```
#define MAX_STR_LEN 255
typedef char SString[MAX_STR_LEN +1];
void StrAssign(SString &T,char * cstr);
void StrCopy(SString &T,SString S);
bool StrEmpty (SString S);
int StrLength(SString S);
int StrCompare(SString S,SString T);   //比较字符串大小
bool StrConcat(SString &T, SString S1, SString S2);
bool SubString(SString &Sub, SString S,int pos,int len);
int Index(SString S, SString T,int pos);   //在S串中查找子串T的位置
bool Replace(SString &S,SString T,SString V);//把S中T子串替换为V
bool StrInsert(SString &S,int pos, SString T);
bool StrDelete(SString &S,int pos,int len);
void StrPrint(SString S);           //输出串 S
```

2. 建立一个实现文件 sstring.cpp,内容如下:

```
#include <stdio.h>
#include <stdlib.h>
```

```cpp
#include <iostream.h>
#include "sstring.h"

void StrAssign(SString &T,char * cstr)
{
    int i;
    for(i=0;cstr[i]!='\0';i++)T[i+1]=cstr[i];
    T[0]=i;
}

void StrCopy(SString &T,SString S)
{
    int i;
    for(i=0;i<=S[0];i++)T[i]=S[i];
}

bool StrEmpty (SString S)
{
    return (S[0]==0);
}

int StrLength(SString S)
{
    return S[0];
}

int StrCompare(SString S,SString T)    //比较字符串大小
{
    int i;
    for(i=1;i<=S[0]&&i<=T[0];i++)
        if(S[i]!=T[i])return (S[i]-T[i]);   //<0 表示 S 小;>0 表示 S 大
    return (S[0]-T[0]);                     //=0 表示 S=T
}
```

```c
bool StrConcat(SString &T, SString S1, SString S2)
{
    int i;
    if(S1[0]+S2[0]>MAX_STR_LEN)return false;
    for(i=1;i<=S1[0];i++)T[i]=S1[i];
    for(i=1;i<=S2[0];i++)T[i+S1[0]]=S2[i];
    T[0]=S1[0]+S2[0];
    return true;
}

bool SubString(SString &Sub, SString S,int pos,int len)
{
    int i;
    if(pos<1||pos>S[0]||len<0||len>S[0]-pos+1)return false;
    for(i=1;i<=len;i++)
        Sub[i]=S[pos+i-1];
    Sub[0]=len;
    return true;
}

int Index(SString S, SString T,int pos)   //在S串中查找子串T的位置
{
    int i,j;
    if(pos<1||pos>S[0])return 0;
    i=pos;
    j=1;
    while(i<=S[0]&&j<=T[0])
        if(S[i]==T[j])
           {i++;j++;}
        else
           {i=i-j+2;j=1;}   //指针回溯
    if(j>T[0])
```

```
        return i-T[0];     //定位成功
    else
        return 0;          //子串不存在
}

bool Replace(SString &S,SString T,SString V)  //把S中T子串替换为V
{
    int i=1;
    if(StrEmpty(T))return false;
    do{
        i=Index(S,T,i);
        if(i){
            StrDelete(S,i,StrLength(T));
            if(! StrInsert(S,i,V))return false;
            i+=StrLength(V);
        }
    }while(i);
    return true;
}

bool StrInsert(SString &S,int pos, SString T)
{
    int i,tlen;
    if(pos<1||pos>S[0]+1) return false;            //参数pos非法
    if(S[0]+T[0]>MAX_STR_LEN)return false;         //溢出
    tlen=StrLength(T);
    for(i=S[0];i>=pos;i--)
        S[i+tlen]=S[i];
    for(i=pos;i<pos+T[0];i++)
        S[i]=T[i-pos+1];
    S[0]+=T[0];
    return true;
}
```

```
bool StrDelete(SString &S, int pos, int len)
{
    int i;
    if(pos<1||pos>S[0]-len+1) return false;          //参数 pos 非法
    for(i=pos+len;i<=S[0];i++)
        S[i-len]=S[i];
    S[0]-=len;
    return true;
}

void StrPrint(SString S)          //输出串 S
{
    int i;
    for(i=1;i<=S[0];i++)
        cout<<S[i];
    cout<<endl;
}
```

3. 建立主程序 exam3_1.cpp,内容如下：

```
#include <stdio.h>
#include <stdlib.h>
#include <iomanip.h>
#include "sstring.h"

void main()
{
    SString s,s1,s2,s3;

    cout<<"1)建立串 s 和 s1"<<endl;
    StrAssign(s,"abcdefghigklmnopq");
    StrAssign(s1,"xyz");
    cout<<"2)输出串 s = ";StrPrint(s);
```

```
cout<<"输出串 s1 = ";StrPrint(s1);
cout<<"3)串 s 的长度 = "<<StrLength(s)<<endl;
cout<<"4)串 s"<<(StrEmpty(s)?"空":"非空")<<endl;
if(StrConcat(s2,s,s1)){
    cout<<"5)串 s 和 s1 的串接是";StrPrint(s2);
}
SubString(s3,s,5,4);
cout<<"6)串 s 的第 5 个字符开始的 4 个字符的子串是";StrPrint(s3);
cout<<"7)串 efgh 在 s 中的位置为:"<<Index(s,s3,1)<<endl;
cout<<"8)将串 s 中子串 efgh 替换为 xyz"<<endl;
Replace(s,s3,s1);
cout<<"输出替换后的 s:";StrPrint(s);

cout<<"9)在串 s 中第 15 位置插入 efgh"<<endl;
StrInsert(s,15,s3);
cout<<"输出插入后的 s:";StrPrint(s);

StrDelete(s,10,5);
cout<<"10)删除 s 中第 10 位字符开始的 5 个字符,输出为:";StrPrint(s);
}
```

示例的运行结果如图 3.6 所示。

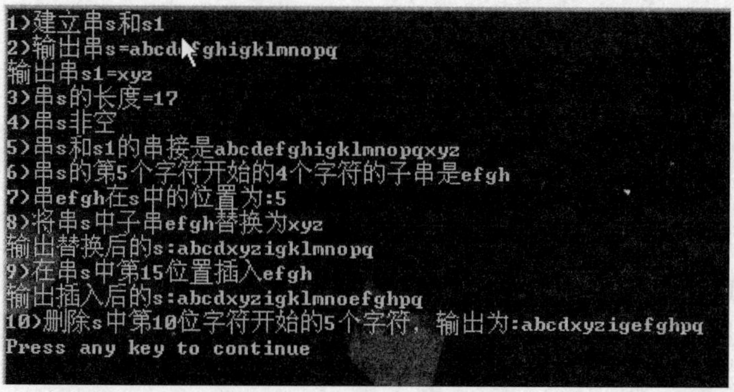

图 3.6 示例运行结果

3.3.4.2 动手与实践
☞ 编写 C 语言存储结构的字符串操作实现文件,并编写验证主程序。
☞ 关键词检索。

(1) 内容:

实现类似 Unix 下 grep 命令的程序。在一个文件中查找某个关键词,并把出现该关键词的行及行号显示出来。

(2) 要求:

使用 C 语言的字符串存储结构来实现字符串的操作,编写函数 index 实现在一个串中查找子串的功能。从文件中每次读入一行,作为一个主串看待,然后查找是否存在待查找的关键词(子串),如果有则显示该行内容及行号,否则继续处理下一行。

(3) 测试数据:

任意一个文本文件,文件中任意一词语作为关键词。

(4) 输入输出:

输入数据:屏幕输入或命令行给出文本文件名、关键词。
输出数据:屏幕输出文本文件中出现关键词的行及行号。

3.4 实验 4:树和二叉树

3.4.1 背景知识

树形结构是一种很重要的非线性数据结构,而二叉树又是树中特殊的一类,易于在计算机中存储和处理,因此针对二叉树的处理较为常用。直观地看,树是以分支关系定义的层次结构,实现了对象之间一对多的联系。

二叉树的抽象数据类型定义如下:

ADT BinaryTree{
数据对象:D = {a_i | a_i ∈ ElemSet, i = 1, 2, ..., n, n ≥ 0 }
数据关系:R = {
    若 D = Φ,则二叉树为空树;否则满足
    (1) D 中存在唯一的根元素 root,它没有前驱;

(2) 若 D - {root} = φ，则 R = φ；否则存在 D - {root} 的一个划分 D_l 和 D_r，且 $D_r \cap D_l = φ$；

(3) 若 $D_l \neq φ$，则 D_l 中存在唯一元素 x_l，<root, x_l> ∈ R，且存在 D_l 上的关系 $R_l \subset R$；同样若 $D_r \neq φ$，则 D_r 中存在唯一元素 x_r，<root, x_r> ∈ R，且存在 D_r 上的关系 $R_r \subset R$；R = {<root, x_l>, <root, x_r>, R_l, R_r}；

(4) (D_l, R_l) 和 (D_r, R_r) 也是一棵符合定义的二叉树。

基本操作：
InitBiTree(&T)   //初始化空二叉树
DestroyBiTree(&T)   //销毁二叉树
CreateBiTree(&T)   //创建二叉树
BiTreeEmpty(T)   //判断是否空树
BiTreeDepth(T)   //返回二叉树深度
Root(T)   //返回二叉树树根
Parent(T, x)   //返回 T 中 x 的双亲
LeftChild(T, x)   //返回 T 中 x 的左孩子
RightChild(T, x)   //返回 T 中 x 的右孩子
LeftSibling(T, x)   //返回 T 中 x 的左兄弟
RightSibling(T, x)   //返回 T 中 x 的右兄弟
InsertChild(&T, x, LR, c)   //插入二叉树子树
DeleteChild(&T, x, LR)   //删除二叉树子树
TraverseTree(T, visit())   //遍历二叉树
}

3.4.2 实验目的

◇ 通过对二叉树特点的分析，掌握二叉树的主要存储结构。
◇ 在二叉树具体的存储结构基础上，实现二叉树的基本操作。
◇ 能针对二叉树的具体应用选择相应的存储结构。
◇ 通过应用示例，进一步掌握递归算法的设计方法。

3.4.3 实验要求

◇ 认真阅读"实验内容"中给出的示例程序。

◇ 在计算机上输入示例程序中关于二叉树的实现程序。
◇ 调试和运行示例程序。
◇ 编写程序实现"动手与实践"部分的要求。

3.4.4 实验内容

3.4.4.1 示例：二叉树的各种操作

在本实验中，我们采用二叉链表的存储方式来存储二叉树，二叉树的每个结点是一个结构，定义为 BiTNode。因二叉树的层次遍历以及寻找双亲结点等操作需要用到队列，因此本示例的工程文件中需要包含 linkqueue.h 以及其所依赖的 linklist.h。

在本例中需要进入队列的是树的结点指针，因此需要对前面 linklist.h 和 linkqueue.h 做适当修改。在 linklist.h 中需要将链表的结点元素类型定义为 BiTree 类型，当然需要包含 BiTree 的定义头文件 bitree.h，改变如下：

  typedef char ElemType;

修改为：

  #include "bitree.h"
  typedef BiTree ElemType;

同样在 linkqueue.h 中需要修改队列的结点类型：

  typedef char QElemType;

修改为：

  typedef BiTree QElemType;

此外，本示例工程还需要包含 linkqueue.cpp，以便可以直接使用链队列的实现。

1. 建立一个头文件 bitree.h，内容如下：

  typedef char TElemType;

  typedef struct BiTNode{
    TElemType data;
    struct BiTNode * lchild, * rchild;
  }BiTNode, * BiTree;

  void InitBiTree(BiTree &T);   //初始化空二叉树

```
void DestroyBiTree(BiTree &T);           //销毁二叉树
void CreateBiTree(BiTree &T);            //创建二叉树
bool BiTreeEmpty(BiTree T);              //判断是否空树
int BiTreeDepth(BiTree T);               //返回二叉树深度
BiNode * Value(BiTree T,TElemType e);
//返回T树中值为e的结点指针
BiNode * Parent(BiTree T,BiNode * x);         //返回T中x的双亲
BiNode * LeftSibling(BiTree T,BiNode * x);    //返回T中x的左兄弟
BiNode * RightSibling(BiTree T,BiNode * x);   //返回T中x的右兄弟
void TraverseTree(BiTree T, int mark);        //遍历二叉树
```

2. 建立一个实现文件 bitree.cpp,内容如下：

```
#include <stdio.h>
#include <stdlib.h>
#include <iostream.h>
#include <strstrea.h>
#include "linkqueue.h"

void InitBiTree(BiTree &T)          //初始化空二叉树
{
    T = NULL;
}

void DestroyBiTree(BiTree &T)       //销毁二叉树
{
    if(! T) return;
    if(T->lchild)
        DestroyBiTree(T->lchild);
    if(T->rchild)
        DestroyBiTree(T->rchild);
    delete T;
    T = NULL;
}
```

```
void CreateBiTree(BiTree &T)        //创建二叉树
{
    //输入扩展二叉树先序序列,创建二叉树
    TElemType e;
    cin>>e;
    if(e=='#')T=NULL;
    else{
        T=new BiTNode;
        T->data=e;
        CreateBiTree(T->lchild);
        CreateBiTree(T->rchild);
    }
}

bool BiTreeEmpty(BiTree T)        //判断是否空树
{
    return (T==NULL);
}

int BiTreeDepth(BiTree T)        //返回二叉树深度
{
    int hr,hl;
    if(!T) return 0;
    hl=BiTreeDepth(T->lchild);
    hr=BiTreeDepth(T->rchild);
    return (hl>hr? hl+1:hr+1);
}

BiTNode * Value(BiTree T,TElemType e)
//返回T树中值为e的结点指针
{
    LinkQueue Q;
```

```
    QElemType a;
    if(! T) return NULL;
    InitQueue_L(Q);
    EnQueue_L(Q,T);
    while(! QueueEmpty_L(Q))
    {
        DeQueue_L(Q,a);
        if(a->data==e)return a;
        if(a->lchild)EnQueue_L(Q,a->lchild);
        if(a->rchild)EnQueue_L(Q,a->rchild);
    }
    return NULL;
}

BiTNode * Parent(BiTree T,BiTNode * x)   //返回T中x的双亲
{
    LinkQueue Q;
    QElemType a,b=NULL;
    if(! T) return NULL;
    InitQueue_L(Q);
    EnQueue_L(Q,T);
    while(! QueueEmpty_L(Q))
    {
        DeQueue_L(Q,a);
        if(a->lchild && a->lchild==x||a->rchild && a->rchild==x){
            b=a;break;
        }
        else{
            if(a->lchild)EnQueue_L(Q,a->lchild);
            if(a->rchild)EnQueue_L(Q,a->rchild);
        }
    }
    DestroyQueue_L(Q);
```

```
        return b;
}

BiTNode * LeftSibling(BiTree T,BiTNode * x)    //返回T中x的左兄弟
{
    BiTNode * p;
    p=Parent(T,x);
    if(p)return p->lchild;
    else return NULL;
}

BiTNode * RightSibling(BiTree T,BiTNode * x)  //返回T中x的右兄弟
{
    BiTNode * p;
    p=Parent(T,x);
    if(p)return p->rchild;
    else return NULL;
}

void TraverseTree(BiTree T, int mark)          //遍历二叉树
{
    //mark=1、2、3、4分别表示先序、中序、后序和层次遍历
    LinkQueue Q;
    QElemType a;

    if(mark==1){
        if(!T)return;
        cout<<T->data<<' ';
        TraverseTree(T->lchild,mark);
        TraverseTree(T->rchild,mark);
    }
    if(mark==2){
        if(!T)return;
```

```
        TraverseTree(T->lchild,mark);
        cout<<T->data<<' ';
        TraverseTree(T->rchild,mark);
    }
    if(mark==3){
        if(!T)return;
        TraverseTree(T->lchild,mark);
        TraverseTree(T->rchild,mark);
        cout<<T->data<<' ';
    }
    if(mark==4){
        if(!T)return;

        InitQueue_L(Q);
        EnQueue_L(Q,T);
        while(!QueueEmpty_L(Q))
        {
            DeQueue_L(Q,a);
            cout<<a->data;
            if(a->lchild)EnQueue_L(Q,a->lchild);
            if(a->rchild)EnQueue_L(Q,a->rchild);
        }
        DestroyQueue_L(Q);
    }
}
```

3. 建立主程序 exam4_1.cpp，内容如下：

```
#include <stdio.h>
#include <stdlib.h>
#include <iomanip.h>
#include "linkqueue.h"
void main()
{
```

BiTree T;
cout<<"1)初始化二叉树 T."<<endl;
InitBiTree(T);
cout<<"2)创建二叉树,请输入扩展先序序列(如AB♯DF♯♯♯C♯E♯♯):";
CreateBiTree(T);
cout<<"3)二叉树 T 的深度 = "<<BiTreeDepth(T)<<endl;
cout<<"4)二叉树 T"<<(BiTreeEmpty(T)?"空":"非空")<<endl;
cout<<"5)二叉树 T 的先序遍历序列:";
TraverseTree(T,1);
cout<<endl;
cout<<"6)二叉树 T 的中序遍历序列:";
TraverseTree(T,2);
cout<<endl;
cout<<"7)二叉树 T 的后序遍历序列:";
TraverseTree(T,3);
cout<<endl;
cout<<"8)二叉树 T 的层次序遍历序列:";
TraverseTree(T,4);
cout<<endl;
cout<<"9)二叉树 T 中'D'的双亲是:";
cout<<(Parent(T,Value(T,'D')))->data<<endl;
cout<<"10)二叉树 T 中'C'的左兄弟是:";
cout<<(LeftSibling(T,Value(T,'C')))->data<<endl;
cout<<"11)二叉树 T 中'B'的右兄弟是:";
cout<<(RightSibling(T,Value(T,'B')))->data<<endl;
}

示例的运行结果如图 3.7 所示。

3.4.4.2 动手与实践
☞ Huffman 编解码。

(1) 内容:

利用 Huffman 编码进行通信可以大大提高信道的利用率,缩短信息传输时

```
1)初始化二叉树T.
2)创建二叉树，请输入扩展先序序列<如AB#DF###C#E##>:AB#DF###C#E##
3)二叉树T的深度=4
4)二叉树T非空
5)二叉树T的先序遍历序列:A B D F C E
6)二叉树T的中序遍历序列:B F D A C E
7)二叉树T的后序遍历序列:F D B E C A
8)二叉树T的层次序遍历序列:ABCDEF
9)二叉树T中'D'的双亲是:B
10)二叉树T中'C'的左兄弟是:B
11)二叉树T中'B'的右兄弟是:C
Press any key to continue_
```

图 3.7 示例运行结果

间，降低传输成本。但是，这要求在发送端通过一个编码系统对待传数据进行预先编码，在接收端进行解码。对于双工信道（即可以双向传输信息的信道），每端都需要一个完整的编/解码系统。

（2）要求：

一个完整的 Huffman 编解码系统应该具有以下功能：

① 初始化（Initialization）。从终端读入字符集大小 n，以及 n 个字符和 n 个权值，建立 Huffman 树，并将它存入 hfmTree 中。

② 编码（Encoding）。利用已经建好的 Huffman 树（如果不在内存，则应从文件 hfmTree 中读取），对文件 ToBeTran 中的正文进行编码，然后将结果存入文件 CodeFile 中。

③ 解码（Decoding）。利用已经建立好的 Huffman 树，对文件 CodeFile 中的代码进行解码，结果存入 TextFile 中。

④ 打印代码文件（Print）。将文件 CodeFile 以紧凑的格式显示在终端上，每行 50 个代码。同时将此字符形式的编码文件写入文件 CodePrint 中。

⑤ 打印 Huffman 树（Tree Printing）。将已经在内存中的 Huffman 树以直观的形式（树或者凹入的形式）显示在终端上，同时将此字符形式的 Huffman 树写入文件 TreePrint 中。

（3）测试数据：

用表 3.1 给出的字符集和频度的实际统计数据建立 Huffman 树，并对以下报文进行编码和译码："THIS PROGRAM IS MY FAVORITE"。

表 3.1

字符	A	B	C	D	E	F	G	H	I	J	K	L	M
频度	186	64	13	22	32	103	21	15	47	57	1	5	32	20
字符	N	O	P	Q	R	S	T	U	V	W	X	Y	Z	
频度	57	63	15	1	48	51	80	23	8	18	1	16	1	

(4) 输入输出：

① 字符集大小 n、n 个字符和 n 个权值均从终端或文件读入，初始化后的 Huffman 树存储在 hfmTree 文件中，待编码文件为 ToBeTran，编码结果以文本或二进制的方式存储在文件 CodeFile 中（即每个"0"或"1"采用 1 字节存储或采用 1bit 存储），解码文件存放在 TextFile 中，待打印的编码和哈夫曼树分别存储在 CodePrint 和 TreePrint 文件中。

② 用户界面可以设计为"菜单"方式：显示上述功能符号，再加上一个退出功能"Q"，表示退出(Quit)。用户键入一个选择功能符，此功能执行完毕后再显示此菜单，直至某次用户选择了"Q"为止。

3.5 实验 5：图

3.5.1 背景知识

图是一种比线性表和树更为复杂的数据结构。在图结构中，结点和结点之间是多对多的关系，任何两个结点都可能发生关系。图的应用也极其广泛，在最小生成树、最短路径和拓扑排序等应用方面，图有着重要的作用。

图的抽象数据类型定义如下：

ADT Graph{

数据对象：V 是同类数据元素的非空有限集，称顶点集。

数据关系：R = {<v_i, v_j>|v_i, v_j∈V 且<v_i, v_j>表示从 v_i 到 v_j 的弧}

基本操作：

CreateGraph(&G, V, VR)   //创建图 G

DestroyGraph(&G)   //销毁图 G
LocateVex(G,u)   //返回 u 在 G 中的位置
GetVex(G,v)   //返回 G 中 v 顶点的值
PutVex(&G,v,value)   //为 G 中 v 结点赋值为 value
FirstAdjVex(G,v)   //返回 G 中 v 的第一个邻接点
NextAdjVex(G,v,w)   //返回 G 中相对于 w 的 v 的下一个邻接点
InsertVex(&G,u)   //插入结点
DeleteVex(&G,v)   //删除结点
InsertArc(&G,v,w)   //在 G 中 v 和 w 之间插入弧<v,w>
DeleteArc(&G,v,w)   //在 G 中删除弧<v,w>
DFSTraverse(G,v,visit())   //深度优先遍历
BFSTraverse(G,v,visit())   //广度优先遍历
}

3.5.2 实验目的

◇ 通过对图特点的分析,掌握图的主要存储结构。
◇ 掌握图的几种常见存储结构下基本操作的实现。
◇ 通过图的遍历操作,进一步理解图存储结构的特点。
◇ 通过应用示例,学会使用图的遍历来解决问题。

3.5.3 实验要求

◇ 认真阅读"实验内容"中给出的示例程序。
◇ 在计算机上输入示例程序中关于图的实现程序。
◇ 调试和运行示例程序。
◇ 编写程序实现"动手与实践"部分的要求。

3.5.4 实验内容

3.5.4.1 示例:图的基本操作

图的存储结构有邻接矩阵和邻接表两种方式,在本实验中,我们采用邻接表的存储结构来实现图的各种操作。因图的广度优先遍历操作需要用到队列,因此示例的工程文件中需要包含 linkqueue.h 以及其所依赖的 linklist.h。

同前一节,在本例中需要进入队列的是图的结点指针,因此需要对前面 linklist.h 和 linkqueue.h 做适当修改。在 linklist.h 中需要将链表的结点元素类型定义为结点的位置坐标类型即整型，改变如下：

  typedef char ElemType；

修改为：

  typedef int ElemType；

同样在 linkqueue.h 中需要修改队列的结点类型：

  typedef char QElemType；

修改为：

  typedef int QElemType；

  此外，本示例工程还需要包含 linkqueue.cpp，以便可以直接使用链队列的实现。

  1. 建立一个头文件 graph.h，内容如下：

```
#define MAX_VEX_NUM 20
typedef char VexType;
typedef enum{DG,DN,AG,AN} GraphKind;

typedef struct ArcNode{
    int adjvex;
    int weight;
    struct ArcNode  * nextarc;
}ArcNode, * ArcLink;

typedef struct VexNode{
    VexType   data;
    struct ArcNode   * firstarc;
}VexNode,AdjList[MAX_VEX_NUM];

typedef struct {
    AdjList   vertices;
    int VexNum,ArcNum;
    int kind;
}ALGraph;
```

```
void CreateGraph(ALGraph &G);        //创建图 G
int LocateVex(ALGraph G,VexType u);   //返回 u 在 G 中的位置
VexType GetVex(ALGraph G,int v);       //返回 G 中 v 顶点的值
void PutVex(ALGraph &G,int v,VexType value);//为 G 中 v 赋值为 value
int FirstAdjVex(ALGraph G,int v);    //返回 G 中 v 的第一个邻接点
int NextAdjVex(ALGraph G,int v,int w);
//返回 G 中相对于 w 的 v 的下一个邻接点
bool InsertArc(ALGraph &G,VexType v1,VexType v2);//在 G 中插入弧
bool DeleteArc(ALGraph &G,VexType v1,VexType v2);//在 G 中删除弧
void DFSTraverse(ALGraph G);         //深度优先遍历
void BFSTraverse(ALGraph G);         //广度优先遍历
```

2. 建立一个实现文件 graph.cpp,内容如下:

```
#include <stdio.h>
#include <stdlib.h>
#include <iostream.h>
#include "linkqueue.h"
#include "graph.h"

void CreateGraph(ALGraph &G)    //创建图 G
{
    int i,j,k;
    VexType  u,v;
    ArcNode *p;
    cout<<"请输入图的顶点数、弧数和类型(DG=0,DN=1,AG=2,AN=3):";
    cin>>G.VexNum>>G.ArcNum>>G.kind;
    cout<<"请输入第"<<G.VexNum<<"个结点的元素值,空格分隔:";
    for(i=0;i<G.VexNum;i++){
        cin>>G.vertices[i].data;         //顶点赋值
        G.vertices[i].firstarc=NULL;
    }
    for(k=0;k<G.ArcNum;k++){
```

```
            cout<<"输入第"<<k+1<<"个弧的两个顶点元素(空格分隔):";
            cin>>u>>v;
            i=LocateVex(G,u);
            j=LocateVex(G,v);
            p=new ArcNode;
            p->adjvex=j;
            p->nextarc=G.vertices[i].firstarc;
            G.vertices[i].firstarc=p;
            if(G.kind==AG){
                p=new ArcNode;
                p->adjvex=i;
                p->nextarc=G.vertices[j].firstarc;
                G.vertices[j].firstarc=p;
            }///if
        }///for
}


int LocateVex(ALGraph G, VexType u)        //返回u在G中的位置
{
    int i;
    for(i=0;i<G.VexNum;i++)
        if(G.vertices[i].data==u)return i;
    return -1;
}


VexType GetVex(ALGraph G,int v)        //返回G中v顶点的值
{
    return G.vertices[v].data;
}


void PutVex(ALGraph &G,int v,VexType value)
//为G中v结点赋值为 value
{
```

```
    G.vertices[v].data=value;
}

int FirstAdjVex(ALGraph G,int v)        //返回G中v的第一个邻接点
{
    if(G.vertices[v].firstarc)
        return G.vertices[v].firstarc->adjvex;
    else
        return -1;
}

int NextAdjVex(ALGraph G,int v,int w)
//返回G中相对于w的v的下一个邻接点
{
    ArcNode *p;
    p=G.vertices[v].firstarc;
    while(p&&p->adjvex!=w)p=p->nextarc;
    if(!p||!p->nextarc)
        return -1;
    else
        return p->nextarc->adjvex;
}

bool InsertArc(ALGraph &G,VexType v1,VexType v2)        //插入弧
{
    ArcNode *p;
    int i,j;
    i=LocateVex(G,v1);
    j=LocateVex(G,v2);
    if(i==-1||j==-1)return false;
    p=new ArcNode;
    p->adjvex=j;
    p->nextarc=G.vertices[i].firstarc;
```

```
        G.vertices[i].firstarc=p;
        if(G.kind==AG){
            p=new ArcNode;
            p->adjvex=i;
            p->nextarc=G.vertices[j].firstarc;
            G.vertices[j].firstarc=p;
        }
        return true;
}

bool DeleteArc(ALGraph &G,VexType v1,VexType v2)
//在G中删除弧
{
    ArcNode *p,*q;
    int i,j;
    i=LocateVex(G,v1);
    j=LocateVex(G,v2);
    if(i==-1||j==-1)return false;
    p=G.vertices[i].firstarc;
    if(!p)return false;
    if(p->adjvex==j){       //第一个弧结点
        G.vertices[i].firstarc=p->nextarc;
        delete p;
    }
    else{
        while(p->nextarc&&p->nextarc->adjvex!=j)p=p->nextarc;
        if(!p->nextarc)
            return false;       //v1、v2之间没有弧存在
        else{
            q=p->nextarc;
            p->nextarc=q->nextarc;
            delete q;
        }
```

```
    }
    if(G.kind==AG){
        p=G.vertices[j].firstarc;
        if(!p)return false;
        if(p->adjvex==i){
            G.vertices[j].firstarc=p->nextarc;
            delete p;
        }
        else{
            while(p->nextarc&&p->nextarc->adjvex!=i)p=p->nextarc;
            if(!p->nextarc)
                return false;       //v2、v1 之间没有弧存在
            else{
                q=p->nextarc;
                p->nextarc=q->nextarc;
                delete q;
            }
        }
    }
    return true;
}

bool visited[MAX_VEX_NUM];

void DFS(ALGraph G,int v)
{
    int w;
    cout<<G.vertices[v].data;   //visit 内容
    visited[v]=true;
    for(w=FirstAdjVex(G,v);w!=-1;w=NextAdjVex(G,v,w))
        if(!visited[w])DFS(G,w);
}
```

```cpp
void DFSTraverse(ALGraph G)       //深度优先遍历
{
    int i,v;
    for(i=0;i<G.VexNum;i++)visited[i]=false;
    for(v=0;v<G.VexNum;v++)
        if(!visited[v])DFS(G,v);
    cout<<endl;
}

void BFSTraverse(ALGraph G)       //广度优先遍历
{
    int i,v,u,w;
    LinkQueue Q;
    for(i=0;i<G.VexNum;i++)visited[i]=false;
    InitQueue_L(Q);
    for(v=0;v<G.VexNum;v++){                          //防止非连通图
        if(visited[v])continue;
        cout<<G.vertices[v].data;    //visit 内容
        visited[v]=true;
        EnQueue_L(Q,v);
        while(!QueueEmpty_L(Q)){
            DeQueue_L(Q,u);
            for(w=FirstAdjVex(G,u);w!=-1;w=NextAdjVex(G,u,w)){
                if(visited[w])continue;
                cout<<G.vertices[w].data;
                visited[w]=true;
                EnQueue_L(Q,w);
            }//for
        }//while
    }//for
    cout<<endl;
}
```

3. 建立主程序 exam5_1.cpp。

本示例主程序中输入的图逻辑结构如图 3.8 所示。

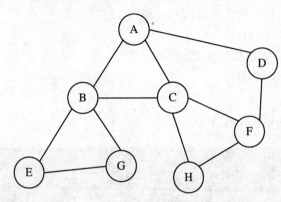

图 3.8　示例的图逻辑结构

```
#include <stdio.h>
#include <stdlib.h>
#include <iomanip.h>
#include "graph.h"
void main()
{
    ALGraph G;
    cout<<"1)创建图 G."<<endl;
    CreateGraph(G);
    cout<<"2)广度优先遍历 G:";
    BFSTraverse(G);
    cout<<"3)深度优先遍历 G:";
    DFSTraverse(G);
    cout<<"4)元素'C'在图 G 中的存储位置坐标是:"<< LocateVex(G,'C')<< endl;
    cout<<"5)图 G 中坐标是 1 的结点元素为"<<GetVex(G,1)<<endl;
    cout<<"6)把图 G 中坐标为 3 的顶点元素值设置为'Z'."<<endl;
    PutVex(G,3,'Z');
    cout<<"7)删除元素 AC 之间的弧."<<endl;
    DeleteArc(G,'A','C');
```

```
        cout<<"8)在元素 CG 之间插入弧."<<endl;
        InsertArc(G,'C','G');
        cout<<"9)广度优先遍历 G:";
        BFSTraverse(G);
        cout<<"10)深度优先遍历 G:";
        DFSTraverse(G);
}
```

示例的运行结果如图 3.9 所示。

```
1)创建图G.
请输入图的顶点数、弧数和类型(DG=0,DN=1,AG=2,AN=3):8 11 2
请输入第8个结点的元素值,空格分隔:A B C D E F G H
输入第1个弧的两个顶点元素<空格分隔>:A D
输入第2个弧的两个顶点元素<空格分隔>:A C
输入第3个弧的两个顶点元素<空格分隔>:A B
输入第4个弧的两个顶点元素<空格分隔>:B G
输入第5个弧的两个顶点元素<空格分隔>:B E
输入第6个弧的两个顶点元素<空格分隔>:B C
输入第7个弧的两个顶点元素<空格分隔>:C H
输入第8个弧的两个顶点元素<空格分隔>:C F
输入第9个弧的两个顶点元素<空格分隔>:D F
输入第10个弧的两个顶点元素<空格分隔>:E G
输入第11个弧的两个顶点元素<空格分隔>:F H
2)广度优先遍历G:ABCDEGFH
3)深度优先遍历G:ABCFHDEG
4)元素'C'在图G中的存储位置坐标是:2
5)图G中坐标是1的结点元素为B
6)把图G中坐标为3的顶点元素值设置为'Z'.
7)删除元素AC之间的弧.
8)在元素CG之间插入弧.
9)广度优先遍历G:ABCZEGFH
10)深度优先遍历G:ABCFHZEG
Press any key to continue
```

图 3.9 示例运行结果

3.5.4.2 动手与实践

☞ 管道铺设施工的最佳方案。

(1) 内容:

需要在某个城市 n 个居民小区之间铺设煤气管道,则在这 n 个居民小区之间只需要铺设 n-1 条管道即可。假设任意两个小区之间都可以铺设管道,但由于地理环境不同,所需要的费用也不尽相同。选择最优的方案能使总投资尽可能小,这个问题即为求无向网的最小生成树。

(2) 要求:

在可能架设的 m 条管道中,选取 n-1 条管道,使得既能连通 n 个小区,又能使总投资最小。每条管道的费用以网中该边的权值形式给出,网的存储采用邻接表的结构。

(3) 测试数据:

使用图 3.10(a)给出的无向网数据作为程序的输入,求出最佳铺设方案。图 3.10(b)是给出的参考解。

(4) 输入输出:

参考示例中图的创建方式,从键盘或文件读入图 3.10(a)中的无向网,以顶点对(i,j)的形式输出最小生成树的边。

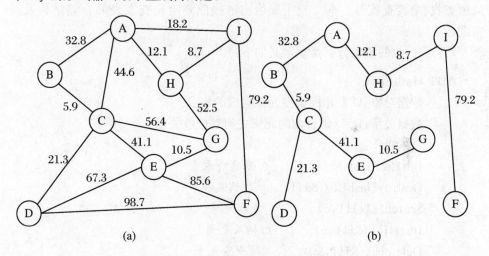

图 3.10 小区煤气管道铺设网及其参考解

3.6 实验6:查找表

3.6.1 背景知识

查找表是应用广泛的一种数据结构,是由同一类型的元素构成的集合,集合中元素之间存在着完全松散的关系。对查找表的操作一般包括:在表中查询某个特定的元素;在查找表中插入新元素;在查找表中删除某个数据元素。为了使得查找的效率更有效,我们往往对查找表内的数据加以约束,这就构成了一些特定的结构,如有序表、二叉排序树、哈希表等,相应的算法也就有了二分查找、二叉树查找、哈希查找等。本实验主要给出链接散列哈希查找表的存储结构及其实现。

哈希查找表的抽象数据类型定义如下:

ADT HashList{
  数据对象:D 是相同类型元素构成的集合。
  数据关系:R＝{集合内的元素之间是松散关系}
  基本操作:
    InitHashList(&HT) //创建哈希表
    DestroyHashList(&HT) //销毁哈希表
    SearchHT(HT,e) //查找元素
    InsertHT(&HT,e) //插入元素
    DeleteHT(&HT,&e) //删除元素
    TraverseHT(HT) //遍历哈希表
}

3.6.2 实验目的

◇ 熟悉哈希表的有关概念。
◇ 掌握哈希表链接散列处理冲突的方法及其存储结构。
◇ 掌握哈希表链接处理冲突存储结构下基本操作的实现。

3.6.3 实验要求

◇ 认真阅读"实验内容"中给出的示例程序。
◇ 在计算机上输入示例程序中关于哈希表的实现程序。
◇ 调试和运行示例程序。
◇ 编写程序实现"动手与实践"部分的要求。

3.6.4 实验内容

3.6.4.1 示例:哈希表的基本操作

哈希表的散列有开散列和闭散列两大类。本示例主要介绍开散列的存储结构及其操作的实现。开散列通过一个指针数组(指针的指针)来保存每个哈希值的链表头指针,具有相同哈希值的元素以一个单链表组织起来,头指针即存储在指针数组里。

1. 建立一个头文件 hash.h,内容如下:

```
typedef int ElemType;
typedef struct LNode{
    ElemType data;
    struct LNode * next;
}LNode, * * ppLNode;
typedef struct{
    ppLNode head;
    int    length;
}LinkHashList;

int HashFunc(LinkHashList HT,ElemType e);            //哈希函数
void InitHashList(LinkHashList &HT,int m);           //创建哈希表
void DestroyHashList(LinkHashList &HT);              //销毁哈希表
void InsertHT(LinkHashList &HT,ElemType e);          //插入元素
void DeleteHT(LinkHashList &HT,ElemType &e);         //删除元素
LNode *  SearchHT(LinkHashList HT,ElemType e);       //查找元素
void TraverseHT(LinkHashList HT);                    //遍历哈希表
```

2. 建立一个实现文件 hash.cpp,内容如下:

```cpp
#include <stdio.h>
#include <stdlib.h>
#include <iostream.h>
#include "hash.h"

int HashFunc(LinkHashList HT,ElemType e)
{
    return e%HT.length;
}

void InitHashList(LinkHashList &HT,int m)    //创建哈希表
{
    HT.head = new LNode *[m];
    HT.length = m;
    for(int i=0;i<m;i++)HT.head[i]=NULL;
}

void DestroyHashList(LinkHashList &HT)       //销毁哈希表
{
    LNode *p;
    for(int i=0;i<HT.length;i++){
        p=HT.head[i];
        while(!p){
            HT.head[i]=p->next;
            delete p;
            p=HT.head[i];
        }
    }///for
    delete [] HT.head;
    HT.head=NULL;
}

void InsertHT(LinkHashList &HT,ElemType e)         //插入元素
```

```
{
    int d = HashFunc(HT,e);
    LNode * p = new LNode;
    p->data = e;
    p->next = HT.head[d];
    HT.head[d] = p;
}

void DeleteHT(LinkHashList &HT,ElemType &e)        //删除元素
{
    int d = HashFunc(HT,e);
    LNode * p = HT.head[d];
    if(! p)return;
    if(p->data = = e){                  //第一个结点即是 e
        HT.head[d] = p->next;
        delete p;
        return;
    }
    LNode * q = p->next;
    while(! q&&q->data! = e){
        p = q;
        q = q->next;
    }
    if(q){
        p->next = q->next;
        delete q;
    }
}

LNode * SearchHT(LinkHashList HT,ElemType e)        //查找元素
{
    int d = HashFunc(HT,e);
    LNode * p = HT.head[d];
```

```
    while(p&&p->data!=e)p=p->next;
    return p;
}


void TraverseHT(LinkHashList HT)        //遍历哈希表
{
    LNode *p;
    for(int i=0;i<HT.length;i++){
        p=HT.head[i];
        cout<<"["<<i<<"]";
        while(p){
            cout<<p->data<<"->";
            p=p->next;
        }
        cout<<endl;
    }//for
}
```

3. 建立主程序 exam6_1.cpp。

本示例主程序中输入查找表元素序列为(7,15,20,31,48,53,64,76,82,99),哈希表长度为11,哈希函数 H(key)=key%11。

```
#include <stdio.h>
#include <stdlib.h>
#include <iomanip.h>
#include "hash.h"
void main()
{
    LinkHashList ht;
    int m,e;
    LNode *p;

    cout<<"1)创建哈希表,请输入哈希表的长度:";
    cin>>m;
```

```
InitHashList(ht,m);
cout<<"2)请输入要插入哈希表的一组整数,以-1作为结束:";
do{
    cin>>e;
    if(e==-1)break;
    InsertHT(ht,e);
}while(1);

cout<<"3)遍历哈希表:"<<endl;
TraverseHT(ht);
cout<<"4)输入要删除的元素:";
cin>>e;
DeleteHT(ht,e);
cout<<"5)遍历哈希表:"<<endl;
TraverseHT(ht);
cout<<"4)输入要查找的元素:";
cin>>e;
p=SearchHT(ht,e);
if(p)cout<<"查找成功"<<p->data<<endl;
else cout<<"没有查找到!"<<endl;
}
```

示例的运行结果如图3.11所示。

3.6.4.2 动手与实践

☞ 利用哈希表统计两源程序的相似性。

(1) 内容:

对于两个C语言的源程序清单,用哈希表的方法分别统计两程序中使用C语言关键字的情况,并最终按定量的计算结果,得出两份源程序的相似性。

(2) 要求与提示:

C语言关键字的哈希表可以自建,也可以采用下面的哈希函数作为参考:

Hash(key)=(key第一个字符序号*100+key最后一个字符序号)%41

表长m取43。此题的工作主要是扫描给定的源程序,累计在每个源程序中C语言关键字出现的频度。为保证查找效率,建议自建哈希表的平均查找长度不大

```
1>创建哈希表,请输入哈希表的长度: 11
2>请输入要插入哈希表的一组整数,以-1作为结束:
7 15 20 31 48 53 64 76 82 99 -1
3>遍历哈希表:
  [0]99->
  [1]
  [2]
  [3]
  [4]48->15->
  [5]82->
  [6]
  [7]7->
  [8]
  [9]64->53->31->20->
  [10]76->
4>输入要删除的元素:31
5>遍历哈希表:
  [0]99->
  [1]
  [2]
  [3]
  [4]48->15->
  [5]82->
  [6]
  [7]7->
  [8]
  [9]64->53->20->
  [10]76->
4>输入要查找的元素:20
查找成功20
Press any key to continue
```

图 3.11 示例运行结果

于 2。扫描两个源程序所统计的所有关键字的不同频度,可以得到两个向量。

如表 3.2 所示是一个简单的示例。

表 3.2

关键字	void	int		for	char		if	else		while
程序1中关键字频度	4	3		4	3		7	0		2
程序2中关键字频度	4	2		5	4		5	2		1
哈希地址	0	1	2	3	4	5	6	7	8	9

根据程序 1 和程序 2 中关键字出现的频度,可提取到两个程序的特征向量 X_1 和 X_2,其中

$$X_1 = (4\ 3\ 0\ 4\ 3\ 0\ 7\ 0\ 0\ 2)^T$$
$$X_2 = (4\ 2\ 0\ 5\ 4\ 0\ 5\ 2\ 0\ 1)^T$$

一般情况下,可以通过计算向量 X_i 和 X_j 的相似值来判断对应两个程序的相似性,相似值的判别函数计算公式为:

$$S(X_i, X_j) = \frac{X_i^T \cdot X_j}{|X_i| \cdot |X_j|} \tag{3.1}$$

其中,$|X_i| = \sqrt{X_i^T \cdot X_i}$。$S(X_i, X_j)$ 的值介于 $[0,1]$ 之间,也称广义余弦,即 $S(X_i, X_j) = \cos\theta$。$X_i = X_j$ 时,显见 $S(X_i, X_j) = 1, \theta = 0$;$X_i$、$X_j$ 差别很大时,$S(X_i, X_j)$ 接近 0,θ 接近 $\pi/2$。如 $X_1 = (1\ 0)^T$,$X_2 = (0\ 1)^T$,则 $S(X_i, X_j) = 0, \theta = \pi/2$。可以用下面的二维图示(图 3.12)来直观地表示向量的相似程度。

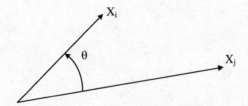

图 3.12 向量相似度示意图

有些情况下,还需要做进一步的考虑,如图 3.13 所示。

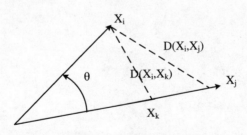

图 3.13 向量几何距离

从图 3.13 中可以看出,尽管 $S(X_i, X_j)$ 和 $S(X_i, X_k)$ 的值是一样的,但直观上 X_i 与 X_k 更相似。因此当 S 值接近 1 的时候,为避免误判相似性(可能是夹角很小、模值很大的向量),应当再次计算之间的"几何距离"$D(X_i, X_k)$。其计算公式为:

$$D(X_i, X_k) = |X_i - X_k| = \sqrt{(X_i - X_k)^T(X_i - X_k)} \tag{3.2}$$

最后的相似性判别计算可分两步完成：

第一步　用式(3.1)计算 S,把接近 1 的保留,抛弃接近 0 的情况(把不相似的排除)；

第二步　对保留下来的特征向量,再用式(3.2)计算 D,如 D 值也比较小,说明两者对应的程序确实可能相似。

S 和 D 的值达到什么门限才能决定取舍？这需要积累经验,方能选择合适的阈值。

(3) 测试数据：

编写几个编译和运行都无误的 C 程序,程序之间有相近的和差别大的,用上述方法求 S,并对比差异程度。

(4) 输入输出：

输入为若干个 C 源程序,输出为程序间的相似度以及向量的几何距离。

第 4 章 提 高 篇

我们在教材中使用抽象数据类型(ADT)来表示数据结构,如线性表、栈、队列、树和图等。在 C++语言中有专门的类(Class)可以用来更好地描述抽象数据类型。此外,对于一个数据结构,我们往往需要定义好元素类型(ElemType),例如我们在实现栈的时候,一旦定义元素类型为 int 型,那么将无法再使用字符型的栈,本章我们将介绍 C++中的模板函数和模板类来解决此类问题。

4.1 C++类与抽象数据类型

C++的类是由多个存放数据的值的成员和加工数据的方法构成。这些方法也就是我们前面所说的操作。类本身就可以理解为抽象数据类型,该类型的变量就称为"对象",即对象是类的实例化。例如我们可以为线性表定义如下的类:

```
#include <stdio.h>
#include <stdlib.h>
#include <iostream.h>

const MAXSIZE = 100
typedef int ElemType；    //ElemType 定义为 int 类型

class SqList
{
    private：
```

```cpp
    ElemType   * elem;
    int          listsize;
    int          length;
public:

//构造函数 初始化线性表
SqList(void);
//析构函数 销毁线性表
~SqList(void);
//清空线性表
void ClearList(void);
//判断线性表是否为空
bool ListEmpty(void) const;
//判断线性表是否满
bool ListFull(void) const;
//求线性表长度
int ListLength(void) const;
//查找元素
int LocateItem(ElemType e) const;
//获取元素
bool GetItem(int i,ElemType &e) const;
//插入元素
bool Insert(int i,ElemType e);
//删除元素
bool Delete(int i,ElemType &e);
//遍历元素
void Traverse(void) const;
};
//GetItem 的实现
bool SqList::GetItem(int i,ElemType &e) const
{
    if(ListEmpty()) return false;
    if(i<1||i>length){
```

```
        cout<<"i 值非法!"<<endl;
        return false;
    }
    e = elem[i-1];
    return true;
}
//下略
```

4.1.1 优先级队列

队列是一种按 FIFO 顺序访问元素的线性结构,可以理解为队列删除的是最"老"、也就是最早进入队列的元素。而在实际应用中,常常会用到另外一种队列——优先级队列,它删除的不再是最"老"的元素,而是优先级最高的元素。主要的操作就是 PQInsert 和 PQDelete,PQInsert 只是简单地将元素插入优先级队列;而 PQDelete 则需要根据某些评价因素来判断元素的重要程度(优先级),并删除优先级最高的元素。

下面使用 C++中类的表示方式给出优先级队列 PQueue 的数据结构的实现。建立 pqueue.h 文件:

```
const int MAX_PQSIZE = 100;
typedef int ElemType;

class PQueue
{
    private:
        int   count;   //优先级队列的元素个数
        ElemType pqlist[MAX_PQSIZE];
    public:
        PQueue(void);    //构造函数
        void PQInsert(const ElemType item);   //插入元素
        ElemType PQDelete(void);        //删除元素
        void ClearPQ(void);           //清除优先级队列
        //检测优先级队列状态
        bool PQEmpty(void) const;
```

```
    bool PQFull(void) const;
    int PQLength(void) const;
};
```

优先级队列的实现也就是对 PQueue 类的实现,如 pqueue.cpp 文件所示:

```
#include <stdlib.h>
#include <iostream.h>
#include "pqueue.h"

PQueue::PQueue(void)
{
    count=0;
}


void PQueue::PQInsert(const ElemType item)
{
    if(count==MAX_PQSIZE){
        cerr<<"PQueue 溢出!"<<endl;
        exit(1);
    }
    pqlist[count++]=item;
}


ElemType PQueue::PQDelete(void)
{
    ElemType min;
    int i,minindex=0;
    if(count==0){
        cerr<<"空队列,错误!"<<endl;
        exit(1);
    }
    min=pqlist[0];
    for(i=1;i<count;i++)        //找到最大优先级的元素,这里是最小值
```

```
        if(pqlist[i]<min){
            min = pqlist[i];
            minindex = i;
        }
    pqlist[minindex] = pqlist[count-1];
    //把最后一个元素移到删除的元素处
    count--;
    return min;
}

void PQueue::ClearPQ(void)          //清除优先级队列
{
    count = 0;
}


//检测优先级队列状态
bool PQueue::PQEmpty(void) const
{
    return (count = = 0);
}


bool PQueue::PQFull(void) const
{
    return (count = = MAX_PQSIZE-1);
}


int PQueue::PQLength(void) const
{
    return count;
}
```

4.1.2 事件驱动模拟

优先级队列在事情驱动模拟类问题中被广泛应用。

现实生活中的很多问题,我们往往不能用方程来解决,而需要通过模拟其过程来获得问题的解。例如某个银行有若干个窗口对外接待客户,从早晨开门后客户就不断进入银行,银行服务人员在窗口接待客户,每个窗口某一个时刻只能接待一个客户。若有窗口空闲,则客户可以到该窗口立刻获得服务;若所有的窗口都不空闲,则客户需要排队,一般情况下,客户会选择最短的队伍排。现在我们需要模拟这样的过程,并给出客户的平均等待时间,从而决定银行的窗口数设置是否合理。

在这样的问题中,我们需要考虑的就是两种事情,客户到达和客户离开,我们常常把这样的事情称为"事件",整个模拟程序需要对这两类事件按照时间的先后顺序进行处理,这样一类模拟程序称为"事件驱动模拟"。那么如何实现事件按时间次序来执行呢?显然优先级队列是个合适的数据结构。队列的优先级就是事件发生的时间,最早发生的事件优先级将最高。

本小节我们将给出一个完整的利用优先级队列实现事件驱动模拟的例子。

对于一个到达或离开事件,应该包含时间、事件类型、用户标示、服务窗口、等待时间、服务时间等信息,有些信息是离开时才能得到的,为了简化事件,我们把到达和离开都用同一事件类来表示,该类包含前述的 6 个属性,其中到达事件只需要前 3 个属性,离开事件则拥有全部的属性。该表的成员如下:

time	etype	customerID	tellerID	waittime	servicetime

因此我们可以使用一个事件类(Event)来描述两种事件。

event.h 文件如下:

enum EventType {arrival,departure};

```
class Event
{
    private:
        int time;              //事件发生时间
        EventType etype;       //事件类型
        int customerID;        //客户号
        int tellerID;          //窗口号
        int waittime;          //等待时间
        int servicetime;       //服务时间
    public:
```

```cpp
        Event(void);
        Event(int t,EventType et,int cn,int tn,int wt,int st);

        int GetTime(void) const;
        EventType GetEventType(void) const;
        int GetCustomerID(void) const;
        int GetTellerID(void) const;
        int GetWaitTime(void) const;
        int GetServiceTime(void) const;
        bool operator < (const Event b);
}
```

事件类的实现在下面的 event.cpp 中给出。

```cpp
#include <stdlib.h>
#include <iostream.h>
#include "event.h"

Event::Event(void)
{
}


Event::Event(int t,EventType et,int cn,int tn,int wt,int st)
{
    time = t;
    etype = et;
    customerID = cn;
    tellerID = tn;
    waittime = wt;
    servicetime = st;
}


int Event::GetTime(void) const
{
```

```cpp
    return time;
}
EventType Event::GetEventType(void) const
{
    return etype;
}
int Event::GetCustomerID(void) const
{
    return customerID;
}
int Event::GetTellerID(void) const
{
    return tellerID;
}
int Event::GetWaitTime(void) const
{
    return waittime;
}
int Event::GetServiceTime(void) const
{
    return servicetime;
}
bool Event::operator<(const Event b)
{
    return time<b.GetTime();
}
```

我们需要把事件作为数据元素插入到优先级队列，因此需要把优先级队列中的 ElemType 类型重新定义为 Event 类型。此外，需要比较两个事件的优先级（发生时间），因此需要对 Event 对象重载"<"运算符。

修改后的 pqueue.h 如下，pqueue.cpp 保持不变。

```cpp
#include "event.h"          //需要用到 Event 类
const int MAX_PQSIZE = 100;
```

typedef Event ElemType；　　//ElemType 的类型定义为 Event

class PQueue
{
　　private：
　　　　int count；//优先级队列的元素个数
　　　　ElemType　pqlist[MAX_PQSIZE];
　　public：
　　　　PQueue(void)；　　//构造函数
　　　　void PQInsert(const ElemType item)；　　//插入元素
　　　　ElemType　PQDelete(void)；　　　　　//删除元素
　　　　void ClearPQ(void)；　　　　　　　　//清除优先级队列
　　　　//检测优先级队列状态
　　　　bool PQEmpty(void) const；
　　　　bool PQFull(void) const；
　　　　int PQLength(void) const；
}

本例中事件驱动模拟主要需要处理好两类事件：到达事件和离开事件。下面讨论这两个事件的处理。

1．到达事件

到达事件需要处理下面几个问题：

(1) 刚到达的顾客负责给出下一个到达事件，然后将其放入优先级队列中等待后续处理，如果下一个到达事件发生在模拟结束时间之后，则放弃入队列。

(2) 创建下一个到达事件后，需要修改窗口信息。窗口信息中记录有该窗口的空闲时刻、服务顾客数、顾客等候时间合计、服务时间合计等。我们使用下面的结构来记录窗口信息。

　　struct TellerStats{
　　　　int　finishService；//窗口的空闲时刻
　　　　int　totalCustomerCount；//服务顾客数
　　　　int　totalCustomerWait；　//顾客等候时间合计
　　　　int　totalService；　　　　//服务时间合计
　　}

finishService 属性表示某个窗口的空闲时刻,若不为 0,则表示该窗口可以提供服务的时刻,若为 0 则表示目前空闲。

(3) 定义当前事件相应的离开事件。我们可以在到达事件中随机产生两个时间,一个是下一个到达事件的时间,一个是当前事件的服务时间,这两个时间都是通过给定的阈值用随机函数来产生的。而服务的窗口则是选择等待时间最少的一个(即 finishService 值最小的)。这样我们就可以得到当前事件的离开时间、事件类型、客户号、服务窗口号、等待时间、服务时间等,从而完成离开事件的所有属性值,产生离开事件插入优先级队列。

2. 离开事件

离开事件处理操作较少,主要是修改窗口信息中的 finishService 属性,如果某个窗口没有其他客户,即当前事件的发生时刻和窗口的 finishService 相等,则需要把 finishService 置 0 以表示其空闲。

模拟程序的初始化工作主要是需要用户交互提供几个模拟参数,包括模拟的时长(以分钟为单位)、模拟窗口数、到达时间间隔的上下限、服务时间的上下限等。最后在优先级队列中插入第一个到达事件。我们假设在时刻 0 分钟有一个顾客到达。

此后模拟的过程就是不断根据队列中的事件产生新的到达和离开事件,只要队列不空就一直循环下去,直到到达的时间超出模拟的时长。

模拟结束后需要对模拟的结果给一个汇总,包括模拟时长、接待客户总数、客户平均等待时间、每个窗口的服务效率等。因为银行并不是在关门后立即停止所有服务,而是需要把在关门前到达的客户都服务完毕才可以停止服务,因此实际模拟的时长会大于开始设定的模拟时长。

每个窗口的服务效率是由该窗口的总服务时间除以模拟时长得到的。

为了帮助大家熟悉 C++ 类的使用,我们依然使用了 Simulation 类来完成整个模拟程序,Simulation 类的定义在文件 simulation.h 中。

```
#include "pqueue.h"

struct TellerStats
{
    int   finishService;         //窗口的空闲时刻
    int   totalCustomerCount;    //服务顾客数
    int   totalCustomerWait;     //顾客等候时间合计
```

```cpp
    int  totalService;        //服务时间合计
}

class  Simulation
{
    private：
        Event   cur_e;
        int simulationLength;     //模拟时长
        int numTellers;           //窗口数
        int nextCustomer;         //下一个顾客号
        int arrivalLow,arrivalHigh;   //下次顾客到达时间段
        int serviceLow,serviceHigh;   //服务时间段
        TellerStats  tstat[11];       //最多10个窗口
        PQueue pq;                    //优先级队列

        int NextArrivalTime(void);     //获取下一个顾客到达时间
        int GetServiceTime(void);      //获取随机服务时间
        int NextAvailableTeller(void); //获取最佳服务窗口
    public：
        Simulation(void);              //构造函数
        void CustomerArrival(void);    //客户到达事件处理
        void CustomerDeparture(void);  //客户离开事件
        void RunSimulation(void);      //运行模拟
        void PrintSimulationResults(void);   //输出模拟结果
}
```

下面给出 Simulation 类的具体实现,创建文件 simulation.cpp 如下：

```cpp
#include <stdlib.h>
#include <iostream.h>
#include "sim.h"


int Simulation::NextArrivalTime(void)    //获取下一个顾客到达时间
{
```

```cpp
    return arrivalLow + rand()%(arrivalHigh - arrivalLow + 1);
}

int Simulation::GetServiceTime(void)    //获取随机服务时间
{
    return serviceLow + rand()%(serviceHigh - serviceLow + 1);
}

int Simulation::NextAvailableTeller(void)    //获取最佳服务窗口
{
    int minfinish = simulationLength;
    int minfinishindex = rand()%numTellers + 1;

    for(int i = 1;i<= numTellers;i++)
        if(tstat[i].finishService<minfinish){
            minfinish = tstat[i].finishService;
            minfinishindex = i;
        }
    return minfinishindex;
}

Simulation::Simulation(void)            //构造函数
{
    int i;
    for(i = 1;i<10;i++){
        tstat[i].finishService = 0;
        tstat[i].totalCustomerCount = 0;
        tstat[i].totalCustomerWait = 0;
        tstat[i].totalService = 0;
    }
    nextCustomer = 1;
    cout<<"请输入模拟时长:";
    cin>>simulationLength;
```

```cpp
    cout<<"输入窗口数:";
    cin>>numTellers;
    cout<<"输入到达时间间隔的下上限:";
    cin>>arrivalLow>>arrivalHigh;
    cout<<"输入服务时间间隔的下上限:";
    cin>>serviceLow>>serviceHigh;
    pq.PQInsert(Event(0,arrival,nextCustomer++,0,0,0));
}

void Simulation::CustomerArrival(void)      //客户到达事件处理
{
    int nexttime,servicetime,tID,waittime;
    Event new_e;
    nexttime = cur_e.GetTime() + NextArrivalTime();
    //下一个到达事件时间
    if(nexttime>simulationLength) return;
    new_e = Event(nexttime,arrival,nextCustomer++,0,0,0);
    //产生新到达事件
    pq.PQInsert(new_e);
    servicetime = GetServiceTime();         //获取当前事件的服务时间
    tID = NextAvailableTeller();            //当前事件最佳服务窗口
    if(tstat[tID].finishService==0)   //更新窗口信息中原空闲时刻
        tstat[tID].finishService = cur_e.GetTime();
    waittime = tstat[tID].finishService - cur_e.GetTime();
    //计算等待时间
    tstat[tID].totalCustomerWait += waittime;   //更新窗口信息
    tstat[tID].totalCustomerCount++;
    tstat[tID].totalService += servicetime;
    tstat[tID].finishService += servicetime;
    new_e = Event(tstat[tID].finishService,departure,cur_e.GetCustomerID(),tID,waittime,servicetime);    //产生离开事件
    pq.PQInsert(new_e);
```

```cpp
        cout<<"时间:"<<cur_e.GetTime()<<" 到达客人"
            <<cur_e.GetCustomerID()
            <<" 服务于窗口:"<<tID<<" 等待时间:"
            <<waittime<<"服务时间:"<<servicetime<<endl;
}

void Simulation::CustomerDeparture(void)    //客户离开事件处理
{
    int tID;
    cout<<"时间:"<<cur_e.GetTime()<<" 离开客人"
        <<cur_e.GetCustomerID()<<endl;
    tID=cur_e.GetTellerID();
    if(cur_e.GetTime()==tstat[tID].finishService)
        //更新窗口的空闲状态
        tstat[tID].finishService=0;
}

void Simulation::PrintSimulationResults(void)    //输出模拟结果
{
    int i;
    int sumCustomers=0,sumWait=0;
    for(i=1;i<=numTellers;i++){    //累加所有窗口的客户数和等待时间
        sumCustomers+=tstat[i].totalCustomerCount;
        sumWait+=tstat[i].totalCustomerWait;
    }
    cout<<endl;
    cout<<"****************模拟结果*****************"<<endl;
    cout<<"模拟时长:"<<simulationLength<<"分钟。"<<endl;
    cout<<"客户总数:"<<sumCustomers<<endl;
    cout<<"平均等待时间:";
    cout<<(int)((float)sumWait/sumCustomers+0.5)<<"分钟。"<<endl;
}
```

```
   for(i=1;i<=numTellers;i++){
       cout<<"  窗口#"<<i<<"服务时间比例:";
       cout<<(int)(float(tstat[i].totalService)/simulationLength*100.0+0.5)<<"%."<<endl;
   }
}
```

```
void Simulation::RunSimulation(void)    //运行模拟
{
    Event e;
    while(!pq.PQEmpty()){
        e=pq.PQDelete();
        cur_e=e;                     //置当前事件
        if(e.GetEventType()==arrival)
            CustomerArrival();
        else
            CustomerDeparture();
        //修改实际的模拟时长
     simulationLength=(e.GetTime()<=simulationLength)? simulationLength:e.GetTime();
    }
}
```

最后给出主程序 main.cpp:

```
#include <stdlib.h>
#include <iostream.h>
#include "sim.h"

void main()
{
    Simulation S;
    S.RunSimulation();
    S.PrintSimulationResults();
```

}

可以使用下面的参数来完成一个模拟过程：

simulationLength = 60（分钟）　　numTellers = 2
arrivalLow = 6　　　　　　　　　　arrivalHigh = 10
serviceLow = 15　　　　　　　　　 serviceHigh = 20

客户 1 在 0 分钟第一个到达。

模拟运行的结果如图 4.1 所示。

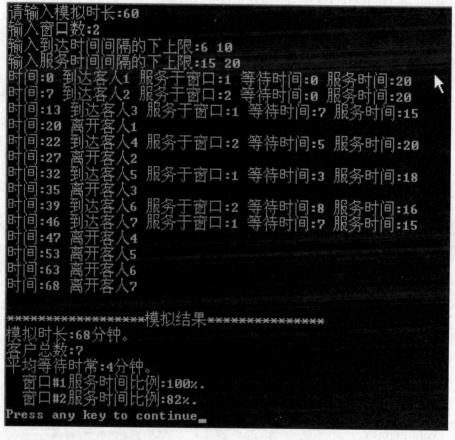

图 4.1　银行窗口服务模拟结果

4.2 模板函数和模板类

我们知道,前面章节里的 SqList、Stack 和 Queue 等都是针对数据类型 ElemType 的数据元素设计的,在使用这些数据结构之前,必须使用 typedef 把 ElemType 和指定的数据类型等同起来,这样,就将用户的程序限定在只能使用一种数据类型上。例如,我们实现了一个整型的栈,如果想使用字符型栈,就必须重新写实现代码,虽然这些代码几乎完全一样,只是元素的类型不一样。

为了改变这种将程序和数据类型捆绑的情况,C++中给出了一种解决方法,允许为函数和类设置通用类型的参数,这样我们在实现某个数据结构的操作(函数)时,就可以指定一个通用数据类型,而在调用时使用不同数据类型的参数来调用,从而实现代码的重用。通用模板类则可以让我们定义一个可以存放不同数据类型的对象。

4.2.1 模板函数

模板函数的声明以下面模板参数表的形式开始:

template<class T_1,class T_2,...,class T_n>

template 后面紧跟着尖括号内的非空的类型参数表,每个类型前面是关键字 class,标识符 T_i 是某种特定的 C++ 数据类型,如 int、char 等,在调用模板函数时作为参数传入。

class 只是用来标识 T_i 代表一种类型,完全可以理解为"类型",调用模板函数时,T_i 可以是标准类型 int 等,也可以是用户自定义类型,如类、结构等。

例如下述的声明中,T 和 U 均表示类型:

template <class T>

template <class T,class U>

声明完模板参数后,函数体与普通函数并无不同,而且可以访问参数表中的类型。下面给出顺序查找算法的模板函数表示:

template <class T>
int SeqSearch(T list[],int n,T key)

```
{  //在长度为 n 的 T 类型线性表 list 中,查找值为 key 的元素,返回下标
    for(int i=0;i<n;i++)
        if(list[i]==key)return i;
    return -1;
}
```

有了这样的模板函数,我们在调用时编译器会根据实际参数的类型来关联模板参数表的类型,例如下面的调用中编译器会分别得到整型和实型参数:

int A[10],Aidx,Midx;
float M[100],fkey=4.5;

Aidx=SeqSearch(A,10,25);   //在 A 中查找 25
Midx=SeqSearch(M,100,fkey);   //在 M 中查找 fkey

编译器对于每种不同的运行参数创建独立的实例。第一种情况下,T 为 int,则 SeqSearch 用整数比较运算符"=="扫描整个表;在第二种情况下,类型为 float 型,则使用的是浮点型比较运算符"=="。

当使用某个指定类型去调用基于模板的函数时,该类型必须定义了函数中所用到的所有运算符,在这个函数里是"==",若函数中用到了不是该类型固有的运算符,则必须事先定义该运算符。例如 C++中没有结构或类的比较运算符"==",用户必须使用自定义运算符(重载)。

例如我们考虑要调用上述函数的类型是自定义的结构 student:

```
struct student
{
    int    studentID;
    char name[10];
    char gender[1];
    int age;
}
```

那么我们必须事先定义两个 student 类型变量的"=="操作,如果我们认为两个学生的 studentID 相同,两个学生就是相同的,则可以这样来重载"=="运算符:

bool operator ==(student a,student b)

```
{
    return(a.studentID = = b.studentID);
}
```

当然有些类型模板函数也是无能为力的，比如字符串，因为字符串 char * 是一个特殊的类型，我们比较两个字符串是否相等，不是比较两个字符指针是否相等，因此必须重定义"= =",而 char * 不是结构，也不是类，C++中不可以重载"= ="运算符，因此对于字符串类型的 SeqSearch 函数必须重写，不可使用上述模板函数。

4.2.2 模板类

模板类和目标函数的定义非常类似。在类声明之前首先加上一个模板参数表，里面的形式类型名可以用来说明类内部的数据元素或成员函数的类型。例如：

```
template <class T>
class store
{
    private:
        T item;
    public:
        store(void);
        T GetElem(void);
}
//下面是声明不同类型数据元素的对象，通过给模板类传递类型实现
store <int>    X;      //声明一个 int 数据成员的对象
store <char>  S[10];   //声明一个 char 为数据成员的对象数组
```

使用模板类，我们可以编写一个通用类型的数据结构的实现，比如下面给出 Stack 的模板类定义及其实现。

模板类 Stack 的定义与实现文件 tempstack.h：

```
#include <iostream.h>
#include <stdlib.h>

const   int MaxStackSize=100;
```

```cpp
template <class T>
class Stack
{
    private:
        T elem[MaxStackSize];
        int top;
    public:
        Stack(void);                    //构造函数
        void Push(const T e);           //元素出栈
        T Pop(void);                    //元素出栈
        void ClearStack(void);          //清空栈
        T GetTop(void) const;           //取栈顶元素
        bool StackEmpty(void) const;    //是否栈空
        bool StackFull(void);           //是否栈满
}

template <class T>
Stack<T>::Stack(void):top(-1)    //构造函数
{ }

template <class T>
void Stack<T>::Push(const T e)    //元素出栈
{
    if(top==MaxStackSize-1){
        cerr<<"栈溢出!"<<endl;
        exit(1);
    }
    elem[++top]=e;
}

template <class T>
T Stack<T>::Pop(void)    //元素出栈
{
```

```cpp
    T e;
    if(top = = -1){
        cerr<<"空栈不能输出元素!"<<endl;
        exit(1);
    }
    e = elem[top - -];
    return e;
}


template <class T>
void Stack<T>::ClearStack(void)    //清空栈
{
    top = -1;
}


template <class T>
T Stack<T>::GetTop(void) const    //取栈顶元素
{
    return elem[top];
}


template <class T>
bool Stack<T>::StackEmpty(void) const    //是否栈空
{
    return top = = -1;
}


template <class T>
bool Stack<T>::StackFull(void)          //是否栈满
{
    return top = = MaxStackSize - 1;
}
```

在实现时,我们将类的函数都定义为外部模板函数,这需要在每个函数前都放置模板参数表,并用 Stack<T>取代 Stack,在函数体内,也必须用模板类型 T 代替形式参数类型 ElemType,感兴趣的读者可以自行编写程序使用上述模板类实现的栈。例如:

```
#include "tempstack.h"
void main()
{
    Stack <int>Si;
    Stack <char> Sc;
//......
    Si.Push(4);
    Sc.Push('a');
    cout<<Si.Pop()<<endl;
    cout<<Sc.Pop()<<endl;

}
```

4.3 实战演练

ip.dat 是网络上比较流行的一个查询 IP 归属地的数据库,存放了 ipv4 地址的所有归属情况,由网络上的网友自发编辑而成,虽然数据不完整,尤其是国外的 IP 基本只给出了国家,但其数据格式的设计却值得研究分析,是一个典型的索引文件。本节主要介绍 ip.dat 的存储格式,然后给出部分代码,帮助读者巩固索引查找知识并熟悉数据压缩的技巧。

4.3.1 文件结构

ip.dat 文件在结构上分为 3 块:文件头、记录区和索引区。我们要查找 IP 时,先在索引区查找记录偏移地址,然后再到记录区读出归属信息。由于记录区的记录是不定长的,所以直接在记录区中搜索是不可能的。索引区是按 IP 有序排列的,由于记录数比较多,如果我们顺序查找索引区是比较慢的,可以用二分查找法搜索索引区。文件的总体结构如图4.2所示。要注意的是 ip.dat 的数据全部采用了 little-endian 的字节序。

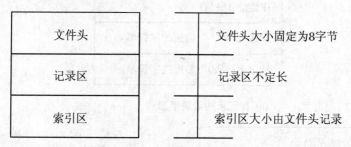

图 4.2　ip.dat 文件基本结构

1. 文件头

ip.dat 文件的文件头只有 8 字节,其结构非常简单,首 4 个字节是第一条索引的偏移地址,后 4 个字节是最后一条索引的偏移地址,地址采用 little-endian 的字节序。

例如使用查看二进制文件的工具(UltraEdit 等)查看所给的 ip.dat 示例文件,其文件头为"F1 0A 1E 00 AA 20 2E 00",则表示索引的起始记录偏移地址是 0x1E0AF1,结束记录偏移地址是 0x2E20AA。

2. 记录区

记录区的每条记录都由 3 个数据域(项)构成:[IP 地址],[国家名],[地区名]。其中[IP 地址]域代表的是一个 IP 段的截止地址。[国家名]和[地区名]在这里并不是太确切,因为可能会查出某 IP 是"中国科学技术大学 网络中心"之类的,那么这里[国家名]域的值就是"中国科学技术大学"了,而"网络中心"则是[地区名]域的值。所以这里[国家名]和[地区名]最好理解为 IP 归属的两个地理范围,国外的 IP 归属大多是国家信息和地区信息,而国内 IP 归属大多是省信息和地区信息甚至更小范围。

由于[国家名]和[地区名]有时候可能会有很多的重复,例如同一个省的 IP,其[国家名]域的值可能都相等,如果每条记录都保存一个完整的名称拷贝是会有非常多的冗余数据的。所以就需要考虑压缩存储,相同的国家名和地区名只需要存储一次。这里使用了重定向技术。

所以为了得到一个[国家名]或者[地区名],我们就有了两种情况:第一种情况就是直接的字符串表示的信息;第二种情况就是一个 4 字节的结构,第一个字节表明了重定向的模式，后面3个字节是[国家名]或者[地区名]的实际偏移地址。图4.3给出了IP记录的最简单形式以及两种重定向模式。

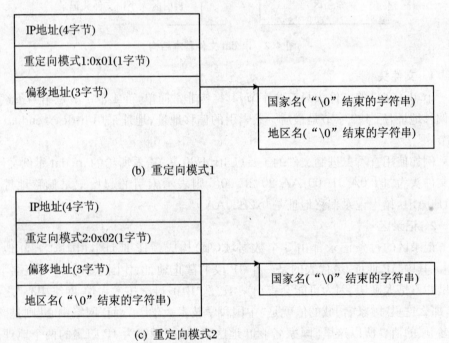

图4.3 IP记录简单形式及重定向模式

图4.3(a)是最简单的IP记录形式，在4字节的IP地址后面，直接跟着两个0字符结束的字符串，由于表示[国家名]和[地区名]的字符串并不定长，因此该记录也不定长。

当IP记录发生[国家名]或[地区名]的重定向时，记录就比较复杂了。在IP地址的后面紧跟一个模式标识字节，取值为0x01或0x02，分别表示重定向模式1和重定向模式2。图4.3(b)表示的是重定向模式1，在重定向模式1中，[国家名]

和[地区名]一起被重定向,在模式标识后面直接紧跟着的3个字节是重定向的偏移地址。图4.3(c)表示的是重定向模式2的结构,它和模式1的区别是仅仅[国家名]发生重定向,而[地区名]不重定向,依然以字符串形式存储在[国家名]重定向的偏移地址后面。

对于重定向模式1的情况,重定向以后的[国家名]和[地区名]有可能再一次发生重定向,这就更加复杂了。如图4.4所示。图4.4(a)表示模式1重定向以后[国家名]还要再一次重定向,模式当然是2(此重定向不会再有重定向,最多只有两次),而[地区名]则直接是字符串存储了。

图4.4(b)则是[国家名]和[地区名]都再一次重定向,[国家名]的重定向模式必须是2,而[地区名]的重定向模式可能是1或2,都是一样的。

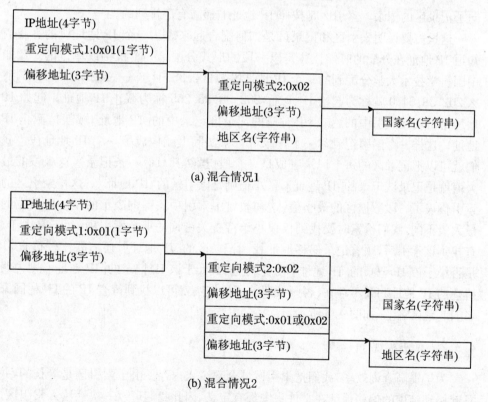

图 4.4 IP 记录复杂重定向情况

在[地区名]重定向的过程中,如果遇到重定向的地址是0,则说明是未知地区名,也就是说该 IP 归属地区未知。

对于上述的几种情况可以总结如下：一条 IP 记录的组成是([IP 地址],[国家名],[地区名])。对于国家信息,可以有 3 种表示方式:字符串形式,重定向模式 1 和重定向模式 2;对于地区信息,可以有两种表示方式:字符串形式和重定向。此外还有一条规则:重定向模式 1 的[国家名]后不再跟[地区名]。

3. 索引区

在"文件头"部分,我们说明了文件头实际上是两个指针,分别指向了第一条索引和最后一条索引的偏移地址。在前面我们已经知道索引的起始记录偏移地址是 0x1E0AF1,结束记录偏移地址是 0x2E20AA。

索引区的索引记录是等长的,形如([IP 地址],[偏移地址])。每条索引长度为 7 个字节,前 4 个字节是一个 IP 段的起始 IP 地址,后 3 个字节是偏移地址,指向了记录区的记录。索引区是按照 IP 地址非递减有序排列的。

这里需要说明索引区和记录区是如何配合起来表达一个 IP 地址段的。我们知道 IP 地址在分配的时候往往是以一段的形式分配给一个机构或单位。比如中国科学技术大学分配到的一个 IP 地址段是 202.38.64.0——202.38.96.255,那么 202.38.64.0 就称为起始 IP 地址,202.38.96.255 称为截止 IP 地址。起始 IP 地址是出现在索引中的,该索引对应的记录区记录中的[IP 地址]域就是截止 IP 地址。这样一个索引记录和一个记录区记录实际上就构成了一个 IP 地址段。我们就可以把记录区的每个记录看成是一个段(虽然其只有一条记录),这个段的最大值就是记录区记录的[IP 地址],最小值则是索引区的[IP 地址]。这样索引区的索引代表了一段数据区的最小值,这和教材中索引项关键词表示的是一段数据的最大值不同,我们检索时要找到仅仅小于待查关键词的那个索引项,而不是大于。查找到该索引后,顺着记录偏移地址找到记录区的[IP 地址],还需要比较待查 IP 是否小于该 IP 记录的[IP 地址],如果待查 IP 大于该 IP 记录的[IP 地址],则说明待查的 IP 地址归属不存在;否则按照前述的方法就可以找到待查 IP 的归属[国家名]和[地区名]。如图 4.5 所示。

4.3.2 算法实现

为了提高查询效率,我们把索引区域全部读入内存。由于索引区是等长的,并且起始和结束的偏移地址在文件头中都有定义,因此我们可以一次性读入索引区。我们定义结构 IdxItem,用以存储一条索引信息。

#pragma pack(1)   //对界大小设置为 1 使得结构 IdxItem 的 sizeof 为 7
typedef struct{

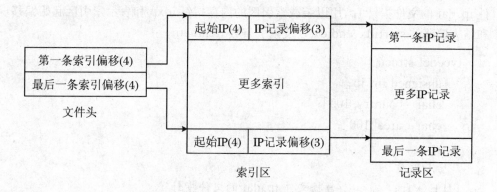

图 4.5　ip.dat 文件详细结构

```
union{
    unsigned char ipch[4];
    unsigned int ipint;
}
unsigned char addr[3];
}IdxItem;
#pragma pack( )    //恢复对界大小设置
```

为了方便一次性读入索引,我们需要把 IdxItem 的 size 设置为和索引项相等的大小,即 7 字节。这样需要调整 C 语言编译器的 struct 成员对界,因为 C 编译器默认是按照最大的成员来对界的,即 IdxItem 将按照 int 的 size 4 来对界,IdxItem 的 size 将是 8。所以我们需要用预编译指令 #pragma pack(1)来调整对界的大小为 1 字节。也可以在 VC 的 setting→C/C++→Code Generation 中将 Struct member alignment 设置为 1 来实现。经过这样的处理,IdxItem 的 size 将等于 7。

IP 地址设计为 union 的原因是:IP 地址由 4 节构成,每节为整数且不超过 255,也就是可以用一字节来表示一节,这样一个 IP 地址的 4 字节在内存中的映像和一个整型数是一样的,我们可以把它看成是一个整数来处理,如果字节顺序排列,我们甚至可以通过直接比较整数的大小来确定 IP 地址的大小,如 202.38.64.1,十六进制表示为 0xCA264001,在内存中的存储按照 little-endian 的字节序应该是 01 40 26 CA,相同内存映像的整数值是 346701825,这样我们就可以使用该整数在索引中两分查找。

我们设计一个 Loc 结构用以存储一个 IP 的[IP 地址]、[国家名]和[地区名]信息,loc 为该结构的全局变量,用于存储待查 IP 信息。其他全局变量还有数据文件 ip.dat 的文件指针 fp,用以装载索引区的内存指针 idxp 和表示索引区起始偏移和结束偏移的 startidx、endidx 以及索引条数 itemnum。

```
typedef struct{
    unsigned int ip;
    char    country[100];
    char    area[100];
}Loc;
//全局变量
FILE  *fp;          //数据文件 ip.dat 的文件指针
IdxItem  *idxp;     //用以装载索引区的内存指针
Loc loc;            //待查 IP 的信息
unsigned int   startidx,endidx,itemnum;    //起始偏移和结束偏移、记录数
```

首先考虑从屏幕上获取分节表示的待查 IP 地址,并形成相应的整数。为了方便格式化输入,我们使用 scanf 来读取。

```
unsigned int GetIpInt(void)
{
    //从标准输入读入分节表示的 IP 地址串,合成一个 unsigned int 返回
    unsigned int ip[4];
    cout<<"Input IP to search:"<<endl;
    scanf("%d.%d.%d.%d",&ip[0],&ip[1],&ip[2],&ip[3]);
    return (ip[0]<<24) | (ip[1]<<16) | (ip[2]<<8) | ip[3];
}
```

接下来编写索引区的二分查找,输入参数为整数表示的待查 IP 地址,通过引用调用返回整数型的偏移地址。

```
bool getaddr(unsigned int ipval,unsigned int &addr)
{
    //根据待查 IP 查索引表,获得相应记录区 IP 记录的偏移地址 addr
    int mid,low,high;

    if(ipval<idxp[0].ipint){
        cerr<<"Bad ip value!"<<endl;
```

```
        return false;
    }

    low = 0;
    high = itemnum - 1;

    while(low <= high){
        //这里省略了二分查找的主体部分,请读者补齐
    }
    //high 指向目标 index
    addr = idxp[high].addr[0]|(idxp[high].addr[1]<<8)|(idxp[high].addr[2]<<16);
    return true;
}
```

在前述分析中,经常需要读取 3 字节的偏移地址,因此我们用单独的一个算法来实现该功能,输入参数为 3 字节地址所在的文件偏移。

```
unsigned int ReadAddr3B(unsigned int offset)
{
    //从文件中偏移为 offset 的位置读取 3 个字节的偏移地址
    unsigned char b[3];

    fseek(fp,offset,SEEK_SET);
    fread((unsigned char *)&b,3,1,fp);
    return b[0]|(b[1]<<8)|(b[2]<<16);
}
```

当国家名和地区名是最基本的字符串时,使用下面的函数 ReadString 读取。

```
void ReadString (unsigned int offset,char str[])
{
    //读取 offset 偏移地址所给位置的 null 结束字符串
    char tmpstr[100];
```

```
fseek(fp,offset,SEEK_SET);
int i=0;
while((tmpstr[i++]=fgetc(fp))!=0);
strcpy(str,tmpstr);
}
```

地区信息的处理比较简单,可以直接使用下面的算法来处理。需要注意的主要是处理前述的重定向情况。

```
void ReadArea(unsigned int offset)
{
    //从 offset 文件偏移地址读取地区信息到 loc.area
    unsigned char b;
    unsigned int areaoffset;

    fseek(fp,offset,SEEK_SET);
    fread((unsigned char*)&b,1,1,fp);
    if(b==0x01||b==0x02){              //重定向情况
        areaoffset=ReadAddr3B(offset+1);
        if(areaoffset==0)
            strcpy(loc.area,"未知区域");
        else
            ReadString(areaoffset,loc.area);
    }
    else{
        ReadString(offset,loc.area);
    }
}
```

最后给出从给定偏移获取国家名和地区名的算法。这里比较复杂的就是处理国家和地区信息的两种重定向模式,算法如下:

```
bool GetLocation(unsigned int offset)
{
    //处理 offset 位置给出的国家和地区的信息
```

```cpp
        unsigned int endip,countryoffset;
        unsigned char b;

        fseek(fp,offset,SEEK_SET);
        fread((int *)&endip,sizeof(int),1,fp);
        if(endip<loc.ip){cerr<<"未知 IP 信息!";return false;}
        fread((unsigned char *)&b,1,1,fp);
        if(b==0x01){    //重定向模式 1
            countryoffset=ReadAddr3B(offset+5);
            fseek(fp,countryoffset,SEEK_SET);
            fread((unsigned char *)&b,1,1,fp);
            if(b==0x02)
                ReadString(ReadAddr3B(ftell(fp)),loc.country);
            else
                ReadString(countryoffset,loc.country);
            ReadArea(countryoffset+4);
        }
        else if(b==0x02){   //重定向模式 2
            ReadString(ReadAddr3B(offset+5),loc.country);
            ReadArea(offset+8);
        }
        else{   //没有重定向
            ReadString(offset+4,loc.country);
            ReadArea(ftell(fp));
        }
        return true;
    }
```

最后给出查找给定 IP 地址归属地的主程序代码。

```cpp
#include <iomanip.h>
#include <stdio.h>
#include <stdlib.h>
#include <string.h>
```

```cpp
void main()
{
    unsigned int   addroff;
    if((fp=fopen("ip.dat","rb"))==NULL)   //二进制打开数据文件
    {
        cerr<<"open error!";
        exit(1);
    }
    fread(&startidx,4,1,fp);   //读取文件头中索引起始偏移地址
    fread(&endidx,4,1,fp);     //读取文件头中索引结束偏移地址
    itemnum=(int)((endidx-startidx)/sizeof(IdxItem))+1;
    idxp=new IdxItem[itemnum];   //分配装载索引区的内存
    fseek(fp,startidx,SEEK_SET);   //定位到索引区
    //一次性读取索引区
    fread((IdxItem *)idxp,sizeof(IdxItem),itemnum,fp);
    loc.ip=GetIpInt();   //由标准输入读取待查的 IP 地址

    if(!getaddr(loc.ip,addroff)){   //查找索引,获取记录区地址
        cerr<<"Search IP error"<<endl;
        exit(1);
    }
    GetLocation(addroff);   //从记录区获取国家和地区信息
    cout<<loc.country<<"   "<<loc.area<<endl;   //输出国家和地区信息
}
```

读者可以完善上述主程序,实现反复查找的功能。此外,我们在这里只讨论了 ip.dat 文件的查找,读者也可以思考如何去修改或插入 IP 地址数据。这里还留给读者一个问题:为什么索引区放在记录区的后面?能否把索引区放在前面而记录区放在后面?

第5章 实验报告

做完实验以后撰写实验报告,是整个实验过程的一个重要环节。报告的撰写过程实际上是对整个实验的总结与回顾,有助于加深对实验的理解,提高对实验的认识。本章介绍如何撰写实验报告。

5.1 如何撰写实验报告

对于每一个实验中所要求解决的问题,都应该有规范详细的报告文档,本实验要求的报告规范如下:

一、问题描述
1. 实验题目:一般教材中会给出实验题目。
2. 基本要求:实验的基本要求,一般也会在教材中给出。
3. 测试数据:实验中要用到的测试数据,部分实验由教材提供。

二、需求分析
1. 程序所能达到的基本可能。
2. 输入的形式及输入值范围。
3. 输出的形式。
4. 测试数据要求。

三、概要设计
1. 所用到的数据结构及其 ADT。
2. 主程序流程及其模块调用关系。
3. 核心模块的算法伪码。

四、详细设计
1. 实现概要设计中的数据结构及其 ADT。
2. 实现每个操作的伪码，重点语句加注释。
3. 主程序和其他模块的伪码。
4. 函数调用关系图。

五、调试分析
1. 设计与调试过程中遇到的问题分析、体会。
2. 主要算法的时间和空间复杂度分析。

六、使用说明
简要给出程序的运行和操作步骤。

七、测试结果
给出实验结果，包括输入和输出。

八、附录
带注释的源程序。

5.2 实验报告样例

一、问题描述
1. 实验题目：利用有序链表表示正整数集合，实现集合的交、并、差运算。
2. 基本要求：由用户输入两组整数分别作为两个集合的元素，由程序计算它们的交、并、差，并输出结果。
3. 测试数据：
  S1 = {3,5,6,9,12,27,35} S2 = {5,8,10,12,27,31,42,51,55,63}
运行结果应为：
S1∪S2 = {3,5,6,8,9,10,12,27,31,35,42,51,55,63}
S1∩S2 = {5,12,27}
S1 − S2 = {3,6,9,35}

二、需求分析
1. 本程序用来求任意两个正整数集合的交、并、差。
2. 程序运行后显示提示信息，提示用户输入两组整数，程序需自动过滤负数和重复的整数。

3. 用户输入完毕后,程序自动输出运算结果。

三、概要设计

为了实现上述功能,应以有序链表表示集合,因此需要有序表和集合两个抽象数据类型。

1. 有序表抽象数据类型定义:

ADT OrderedList{

  数据对象:$D = \{a_i | a_i \in ElemType, i = 1, 2, \ldots, n, n \geq 0\}$

  数据关系:$R = \{<a_{i-1}, a_i> | a_{i-1}, a_i \in D, a_{i-1} \leq a_i, i = 2, \ldots, n\}$

  基本操作:

    InitList(&L);   //构造空线性表

    DestroyList(&L); //销毁线性表

    ClearList(&L);   //将 L 置空

    ListEmpty(L);   //检查 L 是否为空

    ListLength(L);   //返回 L 中元素个数

    GetElem(L,i,&e); //返回 L 中第 i 个元素赋予 e

    LocatePos(L,e); //返回 L 中 e 的位置

    InsertElem(&L,e); //在 L 中插入 e

    DeleteElem(&L,i); //删除 L 中第 i 个元素

    ListTravers(L);   //依次输出 L 中元素

}ADT OrderedList

2. 集合抽象数据类型定义:

ADT set{

  数据对象:$D = \{a_i | a_i \in ElemType, 且各不相同, i = 1, 2, \ldots, n, n \geq 0\}$

  数据关系:$R = \phi$

  基本操作:

    CreateNullSet(&T);

    DestroySet(&T);

    AddElem(&T,e);

    DelElem(&T,e);

    Union(&T,S1,S2);

    Intersection(&T,S1,S2);

　　　　　　Difference(&T,S1,S2);
　　　　　　PrintSet(T);
} ADT set

3. 程序模块:

　　　　主程序模块
　　　　集合单元模块:实现集合抽象数据类型
　　　　有序表单元模块:实现有序表抽象数据类型

调用关系:如图 5.1 所示。

图 5.1　模块调用关系图

四、详细设计

1. 元素类型、结点类型和结点指针类型:

typedef int ElemType;
typedef struct NodeType{
　　ElemType　data;
　　NodeType　*next;
}NodeType,*LinkType;

2. 有序表类型:

typedef struct {
　　LinkType　head,tail;
　　int size;
　　int curpos;
　　LinkType current;
}OrderedList;
//部分基本操作的伪码实现
status InitList(OrderedList &L)
{
　　L.head = new Nodetype;
　　if(! L.head)return false;

L. head->data = 0；
L. head->next = NULL；
L. current = L. tail = L. head；
L. curpos = L. size = 0 ；
return true ；
}
//……（其他略）

3. 集合类 Set 的实现，利用有序链表来实现：

typedef OrderedList OrderedSet；
status CreateNullSet(OrderedSet &T)
{
    if(InitList(T)) return true；
    else return false；
}
// ……（其他略）

4. 主函数的伪码：

void main()
{
    cout<<endl<<"请输入 S1："；
    CreateSet(S1)；
    cout<<endl<<"请输入 S2："；
    CreateSet(S2)；
    PrintSet(S1)；
    PrintSet(S2)；
    Union(T1,S1,S2)；
    cout<<endl<<"Union："；
    PrintSet(T1)；
    Intersection(T2,S1,S2)；
    cout<<endl<<"Intersection："；
    PrintSet(T2)；
    Difference(T3,S1,S2)；

```
        cout<<endl<<"Difference:";
        PrintSet(T3);
        Destroy(T1);
        Destroy(T2);
        Destroy(T3);
        Destroy(S1);
        Destroy(S2);
}
```

5. 函数调用关系。

此处略。

五、调试分析

1. 程序中将指针的操作封装在链表的类型中，在集合的类型模块中，只需要引用链表的操作实现相应的集合运算即可，从而使集合模块的调试比较方便。

2. 算法的时空分析：

由于有序表采用带头结点的有序链表，并增设尾指针和表的长度两个标示，各种操作的算法时间复杂度比较合理，LocatePos、GetElem 和 DestroyList 等操作的时间复杂度都是 $O(n)$，其中 n 是链表的长度。

构造有序集算法 CreateSet 读入 n 个元素，逐个用 LocatePos 判断输入元素是不是有重复并确定插入位置后，调用 InsertElem 插入到有序链表，所以复杂度也是 $O(n)$。求并算法 Union 将两个集合共 m+n 个元素不重复地依次使用 InsertElem 插入到结果集中，由于插入按元素值自小到大顺序进行，时间复杂度为 $O(m+n)$。类似地，求交算法 InterSection 和求差算法 Difference 的时间复杂度也是 $O(m+n)$。

销毁算法 DestroySet 和输出算法 PrintSet 时间复杂度都是 $O(n)$。

所有算法的空间复杂度都是 $O(1)$。

六、使用说明

程序运行后，用户根据提示输入集合 S1、S2 的元素，元素间以空格或回车分隔，输入 -1 表示输入结束。程序将按照集合内元素从小到大的顺序打印出 S1 和 S2，以及它们的并、交、差。

七、调试结果

使用两组数据进行了测试：

第一组数据：

请输入 S1：35 12 9 12 6 6 −12 3 5 9 9 35 27 −1
请输入 S2：31 27 5 10 8 −20 55 12 63 42 51 −1
{3,5,6,9,12,27,35}
{5,8,10,12,27,31,42,51,55,63}
Union：
{3,5,6,8,9,10,12,27,31,35,42,51,55,63}
Intersection：
{5,12,27}
Diffrence：
{3,6,9,35}
第二组数据：
请输入 S1：43 5 2 46 −1
请输入 S2：45 66 −1
{2,5,43,46}
{45,46}
Union：
{2,5,43,45,46,66}
Intersection：
{ }
Diffrence：
{2,5,43,46}

八、附录

源程序文件清单：

commmon.h

oderList.h

orderSet.h

set.cpp

附录 A　常用 C 库函数

1. 输入输出函数(stdio.h)

函数名称	函数原型	函数功能
fclose	int fclose(FILE * fp)	关闭 fp 所指文件
feof	int feof(FILE * fp)	检查文件是否结束
fgetc	int fgetc(FILE * fp)	从文件中读取下一个字符
fgets	char * fgets(char * buf, int n, FILE * fp)	从文件中读取 n-1 个字符或一行
fopen	FILE fopen(char * filename, char mode)	以 mode 方式打开文件 filename
fprintf	int fprintf(FILE * fp, char * format, args, ...)	把 args 输出到 fp 所指文件
fputc	int fputc(char ch, FILE * fp)	输出字符 ch 到文件 fp
fputs	int fputs(char * str, FILE * fp)	输出字符串 str 到文件 fp
fread	int fread(char * ptr, unsigned size, unsigned n, FILE * fp)	从文件 fp 中读取长度为 size 的 n 个数据项, 存储到 ptr
fscanf	int fscanf(FILE * fp, char * format, args, ...)	从文件 fp 中按照格式 format 读取数据到 args
fseek	int fseek(FILE * fp, long offset, int base)	将 fp 所指文件的指针以 base 为基准移动 offset 位置
ftell	long ftell(FILE * fp);	返回 fp 文件中指针位置
fwrite	int fwrite(char * ptr, unsigned size, unsigned n, FILE * fp)	把 ptr 所指 n 个长度为 size 的数据块写入文件 fp
getc	int getc(FILE * fp)	从 fp 文件读取下一个字符

续表

函数名称	函数原型	函数功能
getchar	int getchar(void)	从标准输入读入下一个字符
printf	int printf(char * format,args,…)	用 format 格式标准输出
putc	int putc(int ch,FILE * fp)	把字符 ch 写入文件 fp
putchar	int putchar(char ch)	把 ch 输出到标准输出设备
puts	int puts(char * str)	把字符串 str 输出到标准输出
scanf	int scanf(char * format,args.…)	从标准输入读取输入数据

2. 字符、字符串处理函数(ctype.h,string.h)

函数名称	函数原型	函数功能
isalnum	int isalnum(int ch)	检查是否是字母或数字
isalpha	int isalpha(int ch)	检查是否是字母
isdigit	int isdigit(int ch)	检查是否是数字
strcat	char * strcat(char * dest,char * src)	把 src 串接到 dest 串后面
strchr	char * strchr(char * str,int ch)	在 str 中查找字符 ch 的位置
strcmp	int strcmp(char * s1,char s2)	比较字符串 s1 和 s2 的大小
strcpy	char * strcpy(char * dest,char * src)	把字符串 src 复制到 dest
strlen	int strlen(char * str)	返回字符串的长度
strncat	char * strncat(char * dest,char * src, int n)	把 src 串中 n 个字符接到 dest 串后面
strncmp	int strcmp(char * s1,char s2,int n)	比较 s1 和 s2 前 n 个字符的大小
strncpy	char * strncpy(char * dest,char * src, int n)	把字符串 src 前 n 个字符复制到 dest
strstr	chat * strstr(char * s1,char * s2)	返回 s2 在 s1 中首次出现位置
tolow	int tolow(int ch)	返回小写字母
toupper	int toupper(int ch)	返回大写字母

3. 内存处理函数(stdlib.h)

函数名称	函数原型	函数功能
malloc	void * malloc(unsinged size)	分配 size 字节的内存
free	void free(void * p)	释放内存

附录 B ASCII 码表

八进制	十六进制	十进制	字符	八进制	十六进制	十进制	字符
00	00	0	NUL	100	40	64	@
01	01	1	SOH	101	41	65	A
02	02	2	STX	102	42	66	B
03	03	3	ETX	103	43	67	C
04	04	4	EOT	104	44	68	D
05	05	5	ENQ	105	45	69	E
06	06	6	ACK	106	46	70	F
07	07	7	BEL	107	47	71	G
10	08	8	BS	110	48	72	H
11	09	9	HT	111	49	73	I
12	0a	10	NL	112	4a	74	J
13	0b	11	VT	113	4b	75	K
14	0c	12	FF	114	4c	76	L
15	0d	13	ER	115	4d	77	M
16	0e	14	SO	116	4e	78	N
17	0f	15	SI	117	4f	79	O
20	10	16	DLE	120	50	80	P
21	11	17	DC1	121	51	81	Q
22	12	18	DC2	122	52	82	R

续表

八进制	十六进制	十进制	字符	八进制	十六进制	十进制	字符
23	13	19	DC3	123	53	83	S
24	14	20	DC4	124	54	84	T
25	15	21	NAK	125	55	85	U
26	16	22	SYN	126	56	86	V
27	17	23	ETB	127	57	87	W
30	18	24	CAN	130	58	88	X
31	19	25	EM	131	59	89	Y
32	1a	26	SUB	132	5a	90	Z
33	1b	27	ESC	133	5b	91	[
34	1c	28	FS	134	5c	92	\
35	1d	29	GS	135	5d	93	]
36	1e	30	RE	136	5e	94	^
37	1f	31	US	137	5f	95	_
40	20	32	SP	140	60	96	`
41	21	33	!	141	61	97	a
42	22	34	"	142	62	98	b
43	23	35	#	143	63	99	c
44	24	36	$	144	64	100	d
45	25	37	%	145	65	101	e
46	26	38	&	146	66	102	f
47	27	39	'	147	67	103	g
50	28	40	(	150	68	104	h
51	29	41	)	151	69	105	i
52	2a	42	*	152	6a	106	j
53	2b	43	+	153	6b	107	k
54	2c	44	,	154	6c	108	l

续表

八进制	十六进制	十进制	字符	八进制	十六进制	十进制	字符
55	2d	45	-	155	6d	109	m
56	2e	46	.	156	6e	110	n
57	2f	47	/	157	6f	111	o
60	30	48	0	160	70	112	p
61	31	49	1	161	71	113	q
62	32	50	2	162	72	114	r
63	33	51	3	163	73	115	s
64	34	52	4	164	74	116	t
65	35	53	5	165	75	117	u
66	36	54	6	166	76	118	v
67	37	55	7	167	77	119	w
70	38	56	8	170	78	120	x
71	39	57	9	171	79	121	y
72	3a	58	:	172	7a	122	z
73	3b	59	;	173	7b	123	{
74	3c	60	<	174	7c	124	|
75	3d	61	=	175	7d	125	}
76	3e	62	>	176	7e	126	~
77	3f	63	?	177	7f	127	DEL

参 考 文 献

[1] 徐孝凯.数据结构实验[M].北京:清华大学出版社,2001.
[2] 吴艳,周苏,李益明,等.数据结构与算法实验教程[M].北京:科学出版社,2007.
[3] 李春葆,尹为民,李蓉蓉,等.数据结构教程(第三版)上机实验指导[M].北京:清华大学出版社,2009.
[4] 杨克昌.计算机常用算法与程序设计教程[M].北京:人民邮电出版社,2008.
[5] 徐士良.常用算法程序集[M].北京:清华大学出版社,2004.
[6] 贾伯琪.C程序设计学习指导与练习[M].合肥:中国科学技术大学出版社,2008.
[7] WILLIAM FORD, WILLIAM TOPP. Data Structures with C++[M]. 影印版.北京:清华大学出版社,2000.
[8] 顾为兵,尹东,袁平波,等.数据结构及应用算法[M].合肥:中国科学技术大学出版社,2008.
[9] 严蔚敏,陈文博.数据结构及应用算法教程[M].北京:清华大学出版社,2001.